# 污染减排的协同效应评价及案例研究

中日污染减排与协同效应研究示范项目联合研究组　著

中国环境科学出版社·北京

**图书在版编目（CIP）数据**

污染减排的协同效应评价及案例研究/中日污染减排与协同效应研究示范项目联合研究组著. —北京：中国环境科学出版社，2011.12

ISBN 978-7-5111-0795-4

Ⅰ. ①污… Ⅱ. ①中… Ⅲ. ①污染物—总排污量控制—案例—中国 Ⅳ. ①X506

中国版本图书馆 CIP 数据核字（2011）第 244489 号

**责任编辑** 杨吉林
**责任校对** 扣志红
**封面设计** 马 晓

---

**出版发行** 中国环境科学出版社
（100062 北京东城区广渠门内大街 16 号）
网　　址：http://www.cesp.com.cn
联系电话：010-67112765（编辑管理部）
发行热线：010-67125803，010-67113405（传真）
**印　　刷** 北京东海印刷有限公司
**经　　销** 各地新华书店
**版　　次** 2012 年 3 月第 1 版
**印　　次** 2012 年 3 月第 1 次印刷
**开　　本** 787×960 1/16
**印　　张** 14.75
**字　　数** 260 千字
**定　　价** 50.00 元

---

# 前　言

2007 年 12 月 1 日，中国国家环境保护总局和日本环境省（以下简称“双方”）在北京中日高层经济对话会上共同签署了“关于合作开展协同效应研究与示范项目的意向书”（以下简称“意向书”）。为落实此“意向书”，“双方”合作开展“中日污染减排与协同效应研究示范项目”。2007 年 12 月 28 日，中日两国政府签署的《关于推动中日环境能源领域合作的联合公报》第三条中提出“双方支持关于污染减排及其对减少温室气体排放的协同效应的合作研究与示范项目”，再次强调了这一项目。因此说，中日两国合作开展协同效应研究与示范项目不仅是两国环境保护管理部门的环境合作项目，而且是两国政府环境与能源领域合作的重点合作项目。

“中日污染减排与协同效应研究示范项目”于 2008 年 4 月正式启动，第一阶段实施期为 3 年。项目主要目标是将解决国内的环境污染问题与解决全球的气候变化问题结合起来，量化评估中国示范城市“十一五”大气污染减排措施对全球减缓气候变化的协同效应和贡献，为有效协调国内环境保护政策与气候变化政策提供决策参考。具体内容包括：① 开展示范城市“十一五”大气污染物总量减排措施对温室气体减排的协同效应评价研究；② 开展示范城市能力建设培训；③ 争取开发几个有代表性的清洁发展机制（CDM）项目。

该项目重点是就第一部分内容开展联合研究，具体包括开发大气污染物总量减排措施对温室气体减排的协同效应定量评价方法，并运用该方法，以四川省攀枝花市和湖南省湘潭市为示范城市开展“十一五”大气污染物总量减排措施对温室气体减排的协同效应定量化评价研究。这也是国际上首次以案例城市为对象开展大气污染物减排对温室气体减排的协同效应定量评价。2008 年至 2009 年，该项目以四川省攀枝花市为示范城市开展研究和相关活动，根据中国总量减排的结构减排（通过调整和优化产业结构等方式）、工程减排（通过改善减排的技术和增加相关设施等方式）和管理减排（通过改善减排的管理和系统等方式）几种手段开发定量评价方法，并定量化评价攀枝花市“十一五”期间污染减排措施对温室气体减排产生的协同效应。评价结果表明攀枝花市“十一五”总量减排措施在削减二氧化硫 5.58 万 t 的同时，还能够减排二氧化碳 210.4 万 t，如果将总量减排措施减排单位二氧化硫量的同时产生的二氧化碳减排量定义为协同效应系数的话，则协同效应系数为 37.7。攀枝花市案例研究的初步成果在 2009 年 12 月哥本哈根举办的联合国气候变化框架公约第 15 次缔约方大会（COP15）上发表，引起广泛关注。同时，该项目针对攀枝花市环境保护局及其相关企业人员在攀枝花市和日本东京、四日市等地举办了相关能力建设培训，对项目顺利实施发挥了重要作用。为开展比较研究并丰富项目成果，进一步评估资源型重工业城市的污染减排措施对温室气体减排的协同效应，深入探索和开发节能减排与应对气候变化的协同控制策略，在攀枝花案例研究基础上，该项目在 2010 年以“两型社会”（资源节约型和环境友好型）试验区之一的湖南省湘潭市为示范城市开展大气污染减排的协同效应研究和合作。评价结果表明湘潭市“十一五”总量减排措施在削减二氧化硫 5.9 万 t 的同时，还能够减排二氧化碳 215.2 万 t，协同效应系数为 36.5。同样，项目针对湘潭市环境保护局及其相关企业人员在湘潭市和日本东京、北九州等地举办了相关能力建设培训，取得了良好效果。

通过两个案例的研究，本项目得出如下主要结论：一是中国资源型工业城市“十一五”二氧化硫总量减排措施对减缓全球温室气体排放总体上有显著的正协同效应，不容忽视。二是实现“十一五”总量减排目标采取不同类型措施、应用不同技术对减缓全球温室气体排放产生不同的协同效应，既可能有正的协同效应，也可能有负的协同效应和协同效应为零的情况存在。正的协同效应主要为源头措施或结构减排，负协同效应主要为末端控制或工程减排。三是从行业而言，各地各行业二氧化硫和二氧化碳减排总量贡献与其产业结构密切相关，但与协同效应系数并不一致。协同效应系数与行业本身属性、减排措施有直接关系。

除开展两个示范案例具体量化的协同效应评价外，该项目还依托两个示范案例，对协同效应的内涵、政策、技术等进行了系统梳理和研究，分析了总体污染减排的协同效应情况，并提出了如何在污染减排中考虑协同效应的政策建议。该项目中的“协同效应”术语对应着英语“co-benefits”而非“synergy effects”。尽管英语 co-benefits 从中文直译一般叫协同效益或共生效益。之所以讲“协同效应”而非“协同效益或共生效益”主要是基于如下考虑：一是“意向书”中所采用的中文词语是“协同效应”。二是考虑到“协同效应”较中性，“协同效益”或“共生效益”更强调正面的、积极的影响，而根据政策和实际经验来看，污染减排对温室气体减排的影响和作用既有正面影响也有负面影响。三是这里的协同效应既包括空间尺度的效应，例如全球温室气体层面的以及区域和地方层面的，也包括时间尺度的效应，例如“十一五”期间这样的时间范围，而且更加强调的是全球温室气体和地方污染物层面的关系。而“效益”则对空间尺度的反应较弱，更强调的是时间尺度的收益，既包括当前的可见的收益，也包括未来的预期的收益。四是协同效应既可以反映物质化的效果，也可反映非物质化或货币化的效果，但协同效益则更强调货币化的效果。而本课题所研究的内容和方法较少涉及货币化的效果，更多的是研究对污染物及温室气体减排量本身的物质化的考量。综上所述，该项目中的“协同效应”内涵具体指“与气候变化领域相关的、物质化的、一定时期内治理大气污染物措施对温室气体减排所产生的影响或作用”。此外，通过梳理协同效应相关的政策和技术，结合污染减排措施对温室气体减排的协同效应总体分析，本报告认为，总体上或宏观上污染减排政策和温室气体减排政策可以实现协同效应，国家层面也在努力通过体制创新主动实现大气污染物和温室气体减排协同效应，同时，国家正在大力推动大气污染物减排和温室气体减排协同效应的相关技术，但是，有些部门政策在实现两个目标方面还欠统筹考虑。为此，建议制定相关协同效应型政策，对传统污染物和温室气体开展协同控制。

中国 “十一五”期间通过结构、工程、管理等减排措施对污染物进行了有效控制，全国二氧化硫和化学需氧量排放量 2010 年分别比 2005 年下降了 14.29%和 12.45%。根据本项目初步研究，这些减排措施对温室气体减排也有巨大的协同效应。2011 年公布的《“十二五”规划纲要》中又提出 “到 2015 年，非化石能源占一次能源消费比重达到 11.4%。单位国内生产总值能源消耗降低 16%，单位国内生产总值二氧化碳排放降低 17%，主要污染物排放总量显著减少，化学需氧量、二氧化硫排放分别减少 8%，氨氮、氮氧化物排放分别减少 10%”等约束性目标。为顺利实现“十二五”规划提出的同时实现二氧化硫、氮氧化物和二氧化碳多个约束性目标，科学总结“十一五”污染物总量控制对温室气体减排的协同效应将是非常必要和意义重大的。

“中日污染减排与协同效应研究示范项目”建立了中日联合工作组，由中国环境保护部污染物排放总量控制司司长和日本环境省水和大气环境局局长共同负责和担任组长。联合工作组其他主要成员包括中国环境保护部污染物排放总量控制司大气总量处处长、日本环境省水和大气环境局国际合作推进室室长。中国环境保护部环境与经济政策研究中心（PRCEE）和日本海外环境协力中心（OECC）为“双方”项目实施的牵头部门。其他中方参与的部门包括：攀枝花市环境保护局、攀枝花市环境监测站、攀枝花钢铁集团公司、湖南省环境保护厅、湘潭市环境保护局、湖南省环境科学研究院、中冶集团环保设计院、环境保护部环境规划院等部门；日方参与的其他部门包括：太平洋咨询株式会社。在联合工作组的有力协调和大力指导下，以上单位相关专家共同组成中日联合专家组开展具体研究。

本书即是该项目三年的主要研究成果。全书共分 9 章。环境保护部环境与经济政策研究中心李丽平负责本书的总体设计。第 1 章为引言，由李丽平、赵嘉、日本环境省黑田景子、OECC 加藤真执笔；第 2 章为协同效应的内涵，由李丽平、加藤真、裘铁政执笔；第 3 章为协同效应的政策分析，由李丽平、加藤真、裘铁政执笔；第 4 章为协同效应的技术选择，由太平洋咨询株式会社（PCKK）西畑昭史、董杰及李丽平执笔；第 5 章为协同效应评价方法论，由李丽平等执笔；第 6 章为攀枝花市的协同效应评价，由李丽平、攀枝花市环境监测站季浩宇执笔；第 7 章为湘潭市协同效应评价，由湖南省环境科学研究院姜苹红、李丽平、湘潭市环境保护局廖勇、李雨青、湖南省环境保护厅刘益贵、湖南省环境科学研究院马超、向仁军、成应向执笔；第 8 章对两个案例的评价结果进行分析，由李丽平执笔；第 9 章是政策建议，由李丽平执笔。全书由李丽平统稿。

由于本项目实施时间较长，很多人为此付出了辛勤劳动并作出卓越贡献。本项目的实施以及本书的撰写得到了环境保护部污染物排放总量控制司大气总量处吴险峰处长、日本环境省水和大气环境局国际合作推进室泷口博明室长、黑田景子课长直接的悉心指导和大力支持，他们直接谋划项目把握方向，并亲自参与项目实地调研和指导培训活动！吴险峰处长指导报告大纲设计，对报告撰写提出许多宝贵意见，并亲自给培训人员授课。设计初期及项目实施过程中，该项目得到环境保护部污染物排放总量控制司、国际合作司、科技标准司、中日友好环境保护中心等部门相关领导的指导和支持！环境保护部环境与经济政策研究中心原副主任任勇研究员直接参与了项目前期设计，提出了指导性意见。环境保护部环境与经济政策研究中心国际环境政策研究所原副所长周国梅研究员（现中国东盟环境保护合作中心副主任）为项目前期中方实施项目负责人，指导方法论研究和攀枝花市案例评价研究。环境保护部环境与经济政策研究中心李丽平为项目后期中方实施项目负责人、加藤真为日方实施项目负责人，他们全程参与了项目的全部活动，李丽平作为主要执笔人完成研究报告。攀枝花市环境保护局任礎军局长、胡建荣总工、攀枝花市环境监测站季浩宇副站长、湘潭市环境保护局陈铁军局长、廖勇副局长、赵波副局长、李雨青副主任、贺丰炎副站长等为本项目的成功实施提供了大量帮助或直接参与了大量工作。环境保护部环境规划院张晓楠，中冶集团环保设计院副总工程师邹元龙、魏有权博士、杨丽琴室主任，中科院地理科学与资源研究所唐志鹏博士直接参与了项目调研和相关活动，提出了大量有价值的意见和建议。中日友好环境保护中心唐丁丁主任指导项目总体设计，还对案例选取提供大力支持和帮助。环境保护部科技标准司裴晓菲处长、环境保护部环境与经济政策研究中心夏光主任、原庆丹副主任、胡涛研究员、田春秀研究员、於俊杰博士、冯相昭博士、中国环境科学研究院高庆先研究员、北京师范大学毛显强教授、日本全球环境战略研究所（IGES）Eric Zusman 博士、日本立命馆大学周瑋生教授作为外部专家对初报告提出了非常有价值的意见和建议，对项目实施提供大力支持。IGES 北京办公室主任小柳秀明先生作为项目顾问对项目提出了非常有价值的建议。日本环境省重松贤行先生在能力建设方面做了大量工作。OECC 的原田幸宪在项目协调和能力建设活动中做了大量和杰出的工作。环境保护部环境与经济政策研究中心的赵嘉、段炎斐、刘倩等在项目协调和出版过程中做了大量的数据核对，资料查找工作。中国环境科学出版社杨吉林编审在出版过程中给予了鼎力帮助。在此一并表示衷心的感谢！感谢所有对该项目提供帮助的单位和个人！也衷心希望并感谢对本书提出宝贵意见的读者！

中日污染减排与协同效应研究示范项目联合研究组

2011 年 12 月

# 目　录

# Table of Contents

# 1 引　言

## 1.1 研究背景

### 1.1.1 国际上开展污染物与温室气体减排协同效应研究的背景

进入 21 世纪，随着大气污染加剧及气候变化谈判的深入，国际社会开始逐渐意识到气候变暖和局地大气污染都是影响可持续发展，特别是影响许多发展中国家可持续发展的重要因素，对经济发展、人体健康、消除贫困等造成一系列不利影响。根据政府间气候变化专门委员会（Intergovernmental Panel on Climate Change，IPCC）的评估报告，如果不采取措施来稳定大气中的温室气体浓度，那么最乐观的估计，到本世纪末平均温度的上升幅度将会在 1.8～4℃。如果气候变暖，将导致海冰消失、强降雨频率上升、半干旱地区水资源减少、海平面上升等。根据《气候变化对经济影响的斯特恩评估》报告估计，气候改变可能导致世界生产总值损失 5%～20%之多。气候变暖会为虫媒及病原体的寄生、繁殖和传播创造适宜条件，扩大其流行程度和范围，也可能导致新型传染病的暴发。据联合国环境规划署（UNEP）相关资料显示①，估计每年超过 10 亿的人口经受室外空气污染。在发达国家估计约 2%的国内生产总值用于城市空气污染，在发展中国家则是 5%。快速城市化已经导致主要城市越来越多的空气污染，特别是在发展中国家。这些国家超过 90%的城市空气污染归因于车辆尾气排放、基础设施不足和低质燃油。而且，随着人口增长、经济活动增加，气候变暖趋势会进一步增加，大气污染恶化趋势依旧明显，为此，对可持续发展的影响也会进一步加剧。对于所有国家，特别是发展中国家而言，必须要同时应对全球气候变化和国内大气污染两个问题，而且，发展中国家所受影响最大。

但实际上，很长时间以来，不论是科学研究还是政策制定和实施，不论是发

① 资料来源：http://www.unep.org/urban_environment/chinese/issues/urban_air.asp。

达国家还是发展中国家，大气质量改善和减缓气候变化总是被作为两个分离的和截然不同的问题分别对待。即使发达国家已经基本解决了国内大气污染问题，却也并没有将全球气候变化和国内大气污染两者从政策上统筹考虑。大气污染控制战略一般只关注“传统”的大气污染物质，或那些对人类呼吸和环境有直接危害的物质，主要包括颗粒物（PM）、臭氧（$O_3$）、二氧化硫（$SO_2$）、氮氧化物（$NO_x$）、重金属（例如汞）等。而气候变化政策主要关注温室气体的排放，且主要是二氧化碳的排放。主要原因是，在大气污染控制和气候变化减缓上有非常大的时空规模差异，减少大气污染的效益更确定、更直接、实效性更强，而减缓气候变化产生的收益则是长期的过程，而且是全球性的受益。

根据已有文献，国际上协同效应活动开展起始于 2000 年 3 月经济合作与发展组织（OECD）和政府间气候变化专门委员会（IPCC）在美国首都华盛顿召开的“温室气体减排成本与附属效益国际研讨会”（International Workshop on Ancillary Benefits and Costs of Greenhouse Gas Mitigation）。此次会议首次尝试分析同时实施原来单独进行的减缓气候变化的措施和传统大气污染物时，两者之间科学上的关联性和实施中减少的成本等。这一尝试此后也被 IPCC 评估报告所继承。之后，比较有影响的是美国环境保护局在十几个国家开展的综合环境政策项目（IES）。

此后，有越来越多的科学研究证实，不论是从起源、大气过程还是对人类及环境的影响效果看，一定情况下，传统的大气污染物和温室气体有着密切的、相互作用的关系。基于不同的选择，减排传统污染物质的措施可能增加或减少温室气体的排放，同样，减少温室气体排放的措施可能增加或减少传统污染物质的排放。也就是说，两者之间是双向的、相互作用的关系，而非单向的过程。化石燃料是它们共同的“源”，化石燃料燃烧不但产生温室气体如二氧化碳（$CO_2$）、甲烷（$CH_4$）、一氧化氮（NO），也产生传统污染物如 $SO_2$、$NO_x$、汞等。其中的一些物质在大气中相互作用又形成次生污染物，如 $O_3$、硫酸盐颗粒、硝酸盐和有机物质等。大气污染物质不但对生态系统及人类健康有影响，而且有些会影响温室气体的循环，而气候变化也可能影响污染物质的排放、运送、化学行为等。150 年来的观测结果和研究结果表明，大气中导致变暖的温室气体中 13%～90%是由某种气溶胶组成的，而这些气溶胶都来自于大气污染物排放。根据政府间气候变化专门委员会（IPCC）第 4 次评估报告，在未来 10～20 年，相比基线情景，旨在减少碳排放 10%～20%的措施，同时可以减少 10%～20%的 $SO_2$ 排放以及 5%～10%的 $NO_x$ 及 PM 排放[①]。另一方面，减缓气候变化措施对污染控制也可能有负面

① IPCC Climate Change 2007: Synthesis Report;chapter 11, page 76.

影响。例如，增加柴油燃料的使用可以减少二氧化碳的排放，但同时也会增加 PM（包括 $PM_{10}$ 和 $PM_{2.5}$）的排放；另外，在整个生命周期中，与基线情景相比，增加生物燃料的使用可以减少 $CO_2$ 的排放，但同时会增加 $NO_x$ 和 $PM_{10}$ 的排放（DEFRA 2007，UK，p. 185）。这些研究结果证明，应该而且必须在政策角度将污染物和温室气体统筹和协同考虑。

随着对温室气体及传统大气污染物机理科学认识的不断深入，两者之间的协同效应也逐渐应用到国际气候变化谈判中，而且在某种程度上推动了气候变化的谈判进程。气候变化谈判的核心是发达国家和发展中国家利益纷争的问题，而协同效应恰恰是两者一个共同的利益交汇点。前期的气候变化谈判中，发达国家一再强调实施减缓气候变化措施有助于国内污染物减排，可以产生大量的附属或附加效益，而且列举了大量研究证据，但是发展中国家很难接受只是间接的附属效益。协同效应解决的问题是并不用单纯地通过遏制发展来削减发展中国家温室气体的排放，而是在各个行业部门实现发展目标的过程中，同时考虑环境改善和减缓气候变化。这对于面临严重环境污染和亟待经济发展的发展中国家而言是一个可以接受的主题。另外，2007 年的《联合国气候变化框架公约》第 13 次缔约方会议（COP13）上所订立的《巴厘岛行动计划》中，把发展中国家采取相应的减缓行动（Nationally Appropriate Mitigation Actions，NAMAs）作为重要事项。其后，在其 2009 年第 15 次缔约方会议（COP15）哥本哈根协议以及 2010 年第 16 次缔约方会议（COP16）坎昆协议中，均就 NAMAs 国际标准的设定、报告和验证程序等进行了谈判。

基于以上背景，在满足发展中国家发展需求和国内环境质量改善的前提下采取削减温室气体的措施，在形成气候变化国际制度框架及相关讨论和谈判中讨论和考虑协同效应开始变得越来越重要。

### 1.1.2 中国开展污染减排的协同效应研究背景

近年来，中国经济快速增长，但也付出了巨大的资源和环境代价，经济发展与资源环境的矛盾日趋尖锐，群众对环境污染问题反映强烈，中国面临着巨大的节能减排和环境保护压力。另一方面，中国环境状况脆弱，是易受气候变化影响的国家，同时，作为能源生产、消费及温室气体排放大国，也是气候变化谈判焦点，面临承担量化的温室气体减限排义务的压力。换句话说，中国所面对的环境问题除了结构性、压缩性和复合性特征外，还同时具有明显的全球性特征；面对的环境压力既有国内环境污染治理压力，同时也有减缓全球气候变化压力，不论是国内环境压力还是全球环境压力都既有环境问题本身产生的纯粹“环境威胁”

和“威胁环境”的自然压力，也包括环境问题引发的或外延的民生问题以及“环境威胁论”和“大国责任论”等的社会压力；必须承担的环境责任除了历史污染排放责任，还有现代全球环境治理责任。自然压力主体一般指具有自然属性的环境问题本身，压力受体是中国的生态环境，这种压力一般是直线型和单向型的，即环境问题直接作用于中国的生态环境所产生的影响。社会压力主体一般是具有社会属性的国际组织、国家、社会团体等，压力受体是中国，这种压力一般是环绕型和对冲型的，即压力主体对受体的影响是多角度、多方面的，而且主体和受体之间有相互作用和相互影响的成分。总之，中国面对的环境压力是前后夹击、内外交加、国际和国内、环境和社会共同作用的“双重压力”。

中国国内环境污染状况依然严峻，自然压力和社会压力继续加大。中国的 $SO_2$、一氧化二氮、化学需氧量（COD）、黑炭气溶胶等均居全球第一。根据 2010 年《中国环境状况公报》，中国地表水污染依然较重，长江、黄河、珠江、松花江、淮河、海河和辽河七大水系总体为轻度污染。204 条河流 409 个地表水国控监测断面中，Ⅰ～Ⅲ类、Ⅳ～Ⅴ类和劣Ⅴ类水质的断面比例分别为 59.9%、23.7%、16.4%。主要污染指标为高锰酸盐指数、五日生化需氧量和氨氮。部分城市大气污染仍较重；全国酸雨分布区域保持稳定，但酸雨污染仍较重。监测的 489 个城市（县）中，出现酸雨的城市有 249 个，占 50.4%。突发环境事件呈高发态势，2010 年，环境保护部共接报并妥善处置突发环境事件 156 起，比上年下降 8.78%。重大突发环境事件 5 起，较大突发环境事件 41 起，一般突发环境事件 109 起。根据 2009 年环境保护部在全国范围内组织的“公众对环境状况满意度调查”，有 69.1% 的城市受访者和 58.3%的农村受访者对周边的环境状况评价为“满意”或“比较满意”；在对环境状况改善的满意度方面，75.3%的城市受访者对周边环境整体改善表示“满意”或“比较满意”；60.1%的农村受访者对周边环境整体改善表示“满意”或“比较满意”。随着公众对环境污染状况的关注不断增强以及对环境与健康认识的不断提高，环境问题成为群众投诉、上访的焦点之一，合理的环境权益诉求一旦得不到解决，便成为引发群体性事件的导火索，成为严重的民生问题和社会问题。

环境质量的改善需要环境保护投资的保障。尽管从“七五”期间至“十五”期间，中国持续加大环保投资，从“七五”期间环保投资的 476.42 亿元、“八五”期间的 1 306.57 亿元、“九五”期间的 3 447.52 亿元，到“十五”期间突破 7 000 亿元，但是，现有的环保投资对治理环境污染仍然不足。中华环保联合会曾经启动了一项庞大的国家“十一五”环保规划意见征集活动。根据该组织统计，共有逾 412 万公众参与此次活动，有高达 9.5%的公众认为，在“十一五”期间应该超过“十五”期间环保投资占国内生产总值（GDP）1.3%的比重水平。而对专家的问卷调查发现，有高达95%的专家认为，“十一五”期间环保投入占GDP比重应该在1.5%以上，其中69%的专家认为应再提高0.4～0.7个百分点。根据环境保护部环境规划院的研究，从2001年和2002年中国环境保护投资的水平看，已经达到了一些OECD国家的水平，如法国和瑞典环保投资都占GDP的比例为1.2%。但是，中国和OECD国家处于污染控制的不同阶段。中国处于污染治理的初期阶段，复合型环境问题比较突出，不仅要解决新的环境问题，还要解决历史欠账问题。因此中国需要更多的环境保护投资[①]。

全球环境问题总体状况形势仍然严峻，气候变化是当今人类社会面临的严峻挑战和最严重的全球环境问题。中国是受气候变化影响最严重的国家，也是全球气候变化谈判的焦点，自然压力和社会压力依然突出。全球气候变化会对地球生态系统、农业、水资源以及人类健康和生活环境等产生广泛、深远和复杂的影响。气候变化使中国的生态建设和环境保护面临新的压力，也是中国面临的重要环境问题之一。根据《中国应对气候变化的政策与行动》，2009年和2010年，中国受到了严重的气候灾害侵袭。2009 年遭受了夏季高温和冬季多年不遇低温袭击；2009—2010年，西南地区发生了有气象记录以来最为严重的秋冬持续大旱。气象灾害的异常性、突发性、局地性十分突出，极端气象事件多发偏重，并引发其他严重的自然灾害，造成重大人员伤亡和经济损失。联合国环境规划署报告认为全球气候变化并没有得到实质解决，而且有进一步恶化的趋势。根据政府间气候变化委员会最乐观估计，21世纪全球温度还将升高1.8～4℃。未来，中国受气候变化等全球环境影响的程度会更大。

气候变化使中国的生态建设和环境保护面临新的压力，也是中国面临的重要环境问题之一。全球气候变化加剧中国干旱化趋势，草原和荒漠分布范围向西部和高海拔地区扩展，草原面积不断减少，退化速度不断加快，湿地面积也大大减少。在全球气候变暖背景下，冻土将全面、持续退化，对冻土区生态环境、工程环境和河湖水文等产生重大影响，并将对青藏高原气候产生重要反馈作用；生物多样性减少，物种迁移和消亡的概率明显增加。由于全球气候变暖、污染物排放和城市的热岛效应等原因，大气中气溶胶浓度增加，雾、霾、酸雨、光化学烟雾等极端气候环境事件也呈增多增强趋势。总之，气候变化与环境污染及生态退化互为因果，形成较为复杂的复合型环境问题，加大中国环境保护的难度。

另一方面，以全球变暖为主要特征的气候变化问题在国际社会引起高度关注，

---

① 中国环境保护投融资机制研究课题组. 创新环境保护投融资机制[M]. 北京：中国环境科学出版社，2004：24.

中国近年由于经济快速发展，二氧化碳排放量急剧上升，减排压力越来越大。过去 30 多年来，随着经济的快速持续增长，能源消费需求的强劲攀升，中国已成为世界上温室气体主要排放国之一。根据国际能源署的统计数据，2007 年中国化石燃料燃烧排放的二氧化碳为 60.71 亿 t，约占全球排放总量的 21%；人均排放水平为 4.58 $tCO_2$，相当于 OECD 国家的 42%，美国的 24%，但是已超过世界平均水平。这一客观现实使得以中国为首的发展中大国在当前后京都气候变化国际谈判中面临着很大的减排压力。在《联合国气候变化框架公约》谈判过程中，美国等发达国家一直想压中国正式承担量化的温室气体减限排义务，美国拒批《京都议定书》的理由之一就是《京都议定书》未给中、印等发展中大国规定减限排义务。在发达国家的极力推动下，《联合国气候变化框架公约》第十三次缔约方大会暨《京都议定书》第三次缔约方大会制定的“巴厘岛路线图”，已经将发展中国家纳入其中。巴厘岛行动计划明确要求发展中国家“在技术、资金和能力建设的支持下，在可持续发展框架下采取减缓行动，这种行动应该是以可测量、可报告和可核查的方式开展”。在气候变化谈判中，中国处于风口浪尖。

为此，中国十分关注国内环境污染治理和全球环境保护，将环境保护作为基本国策，提出“共同呵护”地球家园。提出要加快建设资源节约型和环境友好型社会、提高生态文明水平，积极应对全球气候变化，大力发展循环经济，加强资源节约和管理，加大环境保护力度，加强生态保护和防灾减灾体系建设，增强可持续发展能力。国民经济和社会发展“十一五”规划纲要同时提出两个能源环境约束性指标：“单位国内生产总值能源消耗比‘十五’期末降低 20%，二氧化硫和化学需氧量等主要污染物排放总量比‘十五’时期减少 10%”；规划纲要同时提出，“十一五”期间控制温室气体排放要取得成效。“十一五”规划首次把建设资源节约型、环境友好型社会确定为国民经济与社会发展中长期规划的一项战略任务。2007 年 12 月，国家正式批准武汉城市圈和长株潭城市群成为全国资源节约型和环境友好型社会建设综合配套改革试验区。

基于以上背景，2007 年 12 月，中国环境保护部和日本环境省（以下简称“双方”）在中日高层经济对话会上共同签署了“关于合作开展协同效应研究与示范项目的意向书”（以下简称“意向书”）。2007 年 12 月 28 日，中日两国政府签署的《关于推动中日环境能源领域合作的联合公报》第三条中提出“双方支持关于污染减排及其对减少温室气体排放的协同效应的合作研究与示范项目”，再次强调了这一项目。为此，“中日污染减排与协同效应研究示范项目”于 2008 年 4 月正式启动，本书即为该项目主要成果。

## 1.2 研究意义

节约能源降低温室气体排放与减少当地污染物排放的相关政策要求和基本途径本质上是一致的，因此，开展污染物减排对温室气体减排的协同效应项目和研究，统筹考虑资源节约和环境保护并降低实施成本，尽量避免节能不减排、减排不节能政策措施的产生，对顺利实现“十二五”规划目标、降低成本，有效地减少污染物排放具有重要意义。

### 1.2.1 考虑污染物减排对温室气体减排的协同效应可降低政策实施成本

越来越多的国际经验和证据表明，如果气候变化和大气污染控制战略被统筹考虑，在总收益一定的情况下，成本会大大降低。加拿大采取的旨在控制温室气体的政策对地区污染物的控制产生了显著的协同效应：通过采取提高机动车燃油效率标准、提高燃油税率、鼓励发展公共交通、进行发电行业燃料转换以及加大新能源的比例、提高家用和商用能源效率等六项措施来控制 $CO_2$ 的排放，这些措施到 2010 年可减排 $CO_2$ 6 800 万 t（占到了 2010 年其 $CO_2$ 排放总量的 9%）。与此同时，这些手段也显著地降低了各种大气污染物：减少 22 万 t 的 $SO_2$ 和 14 万 t $NO_x$ 的排放，累计避免的经济损失为 12 亿美元。美国环境保护局对温室气体减排措施对 $SO_2$ 治理费用的影响表明，2010 年由于减排温室气体每年可减少 5 亿美元的 $SO_2$ 治理费用。欧洲为实现《联合国气候变化框架公约》之《京都议定书》所规定的温室气体削减目标，采取改变能源结构等措施，可以节约 40%左右的大气污染控制成本。联合国开发计划署 2010 年发布的中国年度报告证明低碳发展最终将在不增加成本的情况下降低二氧化硫、氮氧化物和颗粒物质的排放。在实现既定的环境空气质量目标的前提下，若同时采取气候友好措施，可进一步降低空气污染的成本。如果能选择一个有效的措施框架同时控制空气污染和温室气体，中国能够在节约一半的空气污染治理费用的同时减少 8%的温室气体排放。根据中国人民大学的研究，中国如果在 2020 年时达到碳排放比 2005 年减少 45%的目标，今后 10 年每年需要为此新增 300 亿美元的投资，相当于每个中国家庭每年要多负担 64 美元。要实现如此艰巨的减排目标，对技术和资金支持的需求无疑是巨大的。如果把新的承诺将造成的潜在的宏观经济损失、特定行业的失业以及提高贫困和弱势群体的生存成本等计算在内，则中国需付出的代价更为巨大。另外，运用国务院发展中心的 DRC-CGE 模型初步计算：协同控制的节能减排比末端控制所节约的总社会成本至少为 1 000 亿元。如果考虑到污染减排措施的协同效应，这些新增成本部分会被污染减排资金所替代，而降低单纯的温室气体减排成本。换句话说，考虑协同效应，将全球温室气体与本地污染物协同控制，可优化资源配置，实现控制总成本的最小化，达到“1+1＜2”的成本与效益。

### 1.2.2 考虑污染物减排对温室气体减排的协同效应可避免政策失效的风险

事实上，节能不减排、减排不节能的状况是客观存在的。现有环境政策体系下，削减传统污染物与温室气体之间既存在相互促进作用，也存在相互矛盾。污染可能成为节能产业发展的“瓶颈”，能耗问题也正是污染减排设施不能正常运转的主要原因。例如，从可持续发展角度看，削减传统污染物与节能或减缓温室气体排放两个管理目标或政策间有些地方是矛盾的。具体而言，燃煤电厂安装脱硫设施有助于实现环保目标，但脱硫设施运转耗能会增加温室气体排放，如果以削减每吨二氧化硫耗电 100～5 000 kWh 算，保守估计全国每年电厂脱硫 1 000 万 t，则至少消耗电 10 亿～500 亿 kWh（三峡工程年发电量 500 亿 kWh 左右），这些电量供应如果不是由清洁能源产生则不可避免有大量温室气体排放；另一方面，在应对气候变化国家政策和具体措施中都将推广节能灯、发展太阳能等可再生能源作为减少温室气体排放的重要措施和途径。太阳能是低碳的，发展太阳能及推广节能灯的确是重要的节能措施，但也可能存在高污染风险。作为太阳能产业发展所需的重要工业原料，多晶硅是高污染项目，生产多晶硅的副产品——四氯化硅是一种具有强腐蚀性的有毒有害液体。目前，国内在建多晶硅生产厂所用技术气体回收率低，污染大，生产过程耗能高。另外，由于该种物质回收再利用的成本昂贵，多数中国太阳能厂房均未安装或未完全安装相关的回收设备。据估算，随着太阳能产业的不断发展，2010 年中国多晶硅产能将扩大到 2 万 t 左右，按生产 1 000t 多晶硅产生 8 000t 四氯化硅计算，四氯化硅的产量将达到 16 万 t。这将对环境保护带来巨大隐患。再以节能灯为例，节能灯如果处理不当有可能引发生态环境中严重的汞污染问题。据专家介绍，1 只普通节能灯的含汞量约 5mg，但渗入地下后会使 180t 水受污染。由于汞的沸点低，常温下即可蒸发，废弃的节能灯管破碎后，瞬时可使周围空气中的汞浓度超标上百倍。而人体一次吸入 2.5g 汞蒸气即可致死。据不完全统计，2006 年中国报废的含汞照明电器折合 40W 标准荧光灯达 10 亿只，由于处置不当而释放到大气环境中的汞量达 70～80t。历年来，国家推广节能灯高达 2 亿只，而我国对废旧节能灯的回收体系还处于空白，这意味着数以亿计的节能灯在完成节能使命后，可能会被当做普通生活垃圾处理，而成为生态的隐形杀手。如果不统筹考虑污染物减排和温室气体减排的协同效应，则两种政策的实施可能存在潜在冲突和矛盾，除了成本问题，两种政策的成效很可能会相互抵消。从污染减排的角度来讲，任何工艺都会产生能耗，而且是运营成本的主要部分，但是，不同的污染治理技术可能会消耗不同量的能源资源。总而言之，低温室气体排放和低污染排放在一定条件下是矛盾的，只有将污染物减排和温室气体减排同时考虑才可避免两种政策的矛盾和政策实施的风险。

### 1.2.3 考虑污染物减排与温室气体减排间的协同效应可产生更多的额外效益

有很多文献指出当通过一个技术或者政策方案的组合来同时解决这两个问题时，考虑协同效应和避免权衡取舍，会潜在减少成本增加额外效益（AR4 WGIII）。额外效益主要包括有益于人体健康、减少污染物排放、降低废弃物、降低运行费用及改善工作环境等。通过采取相关污染物减排与温室气体减排的协同效应措施，从人体健康的角度，可以减少患者人数、减少病假天数、减少急性或者慢性呼吸道疾病发生、增加预期寿命。尽管对健康效益货币化的评价结果有所争议，减排每吨 $CO_2$ 的额外收益从 2～100 美元的范围，但一些相关研究都反映了一个共同的事实，那就是人体健康的额外收益非常显著。上海环境科学研究院开展的上海协同效应案例研究表明：如果实施燃料替代、提高能效以及 $SO_2$ 限额排放等积极的协同控制政策，上海将会由于改变 $PM_{10}$ 的浓度于 2020 年减少 1 265～11 130 例死亡，并由此产生 3.27 亿～28.84 亿美元的潜在经济收益。通过采取相关污染物减排与温室气体减排的协同效应措施，从环境质量改善的角度，可以减少粉尘、氮氧化物、硫氧化物等的排放，减少环境治理成本。根据清华大学对北京的案例研究：如果积极实施清洁能源、工业结构调整、能源效率提高、绿色交通等协同控制政策，那么，到 2010 年，北京不但可以减少 18.5 万 t $SO_2$，41.5 万 t $NO_x$，5.6 万 t $PM_{10}$ 排放，同时，还能减少 2 590 万 t 标煤的能源需求。另外，由于这些措施的实施，可以减少原材料的使用、减少废水、废弃物等的产生，进而减少废弃物清理成本，促进废弃燃料、余热、废气等的利用。

因此，在污染控制工作中主动考虑温室气体减排的协同效应，不仅可以有效解决国内污染排放，同时可以减少或控制温室气体排放，实现污染物与温室气体的协同控制，可以优化配置，起到削减污染物和控制温室气体排放“双赢”的效果。

中国“十一五”期间通过结构措施、工程措施、管理措施等措施对污染物进行了有效控制，全国二氧化硫和化学需氧量排放量 2010 年分别比 2005 年下降了 14.29%和 12.45%。2011 年 3 月颁布的《国民经济和社会发展“十二五”规划纲要》中又提出“到 2015 年，非化石能源占一次能源消费比重达到 11.4%。单位国内生产总值能源消耗降低 16%，单位国内生产总值二氧化碳排放降低 17%，主要污染物排放总量显著减少，化学需氧量、二氧化硫排放分别减少 8%，氨氮、氮氧化物排放分别减少 10%”等约束性目标。为顺利实现“十二五”规划提出的同时实现二氧化硫、氮氧化物和二氧化碳多个约束性目标，科学总结“十一五”污染物总量控制对温室气体减排的协同效应，协同控制二氧化硫、氮氧化物和二氧化碳将是非常必要和意义重大的。

## 1.3 文献综述

国际上最早关于大气污染物与温室气体间协同效应的研究起始于 1991 年 Robert U. Ayres 和 Jorg Walter 发表于“Environmental and Resource Economics”（环境和资源经济学）的文章“The Greenhouse Effect：Damages，Costs and Abatement”。之后到 21 世纪初，关于协同效应的研究一般对象为发达国家，主要为美国、挪威、德国、英国、加拿大、芬兰、比利时等，自 21 世纪开始以发展中国家为对象开展协同效应的研究逐渐增多，主要包括中国、墨西哥、印度、智利、巴西等国。以行业为案例开展的研究主要是电力行业，其他行业较少涉及。

有关协同效应的研究可分为三大类：一是关于温室气体与传统大气污染物协同效应的机理研究；二是评估协同效应的方法学研究；三是关于协同效应的评价研究。

### 1.3.1 温室气体与传统污染物协同效应的机理研究

相关科学研究发现，温室气体与传统污染物在大气中存在相互作用的关系。根据斯德哥尔摩环境研究所（Stockholm Environment Institute（SEI））的相关研究报告，地球气候变化归因于过去的 150 年中二氧化碳与其他温室效应气体在大气中的积聚，而平均温室效应气体造成的潜在热效应的 40%被某些气溶胶（或者气溶胶与云的混合体）抵消。因为气溶胶会增加对阳光的反射。图 1-1 显示气溶胶的辐射强强度（黑炭（Black carbon）的升温作用与气溶胶的冷却效果）可能大大高于比 IPCC-AR4（2007）中所报告的数值。它说明整体地把大气污染的作用包括在地球变暖中是非常重要的。

另外，OECD 用图详细归纳了温室气体与传统大气污染物的相互作用关系，同时也归纳了传统大气污染物影响生态环境、农作物产量与人体健康的途径（图 1-2）。研究指出室内空气污染与黑炭对人体健康有着巨大的负面作用。硫氧化物（二氧化硫和三氧化硫及两者的混合物的总称：$SO_x$）形成的通过硫酸盐、悬浮颗粒对人体健康的负面作用，并且会引起建筑物的物质损失与生态环境的酸性化。

$NO_x$ 的排放是 $O_3$（对健康危害）的原因，硝酸盐悬浮颗粒会危害人体健康（例如：呼吸道疾病、癌症），农作物的减产要归因于臭氧、生态环境的酸性化与富营养化。

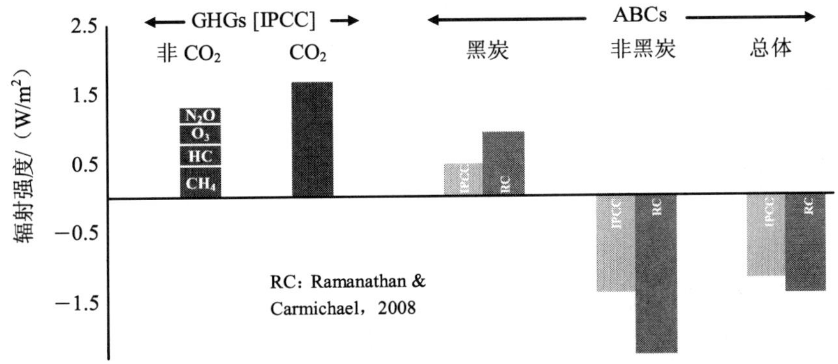


**图 1-1 温室效应气体（GHG）与大气棕云（ABC）对应的全球辐射强迫**

（来源：Ramanathan 与 Feng，2008）

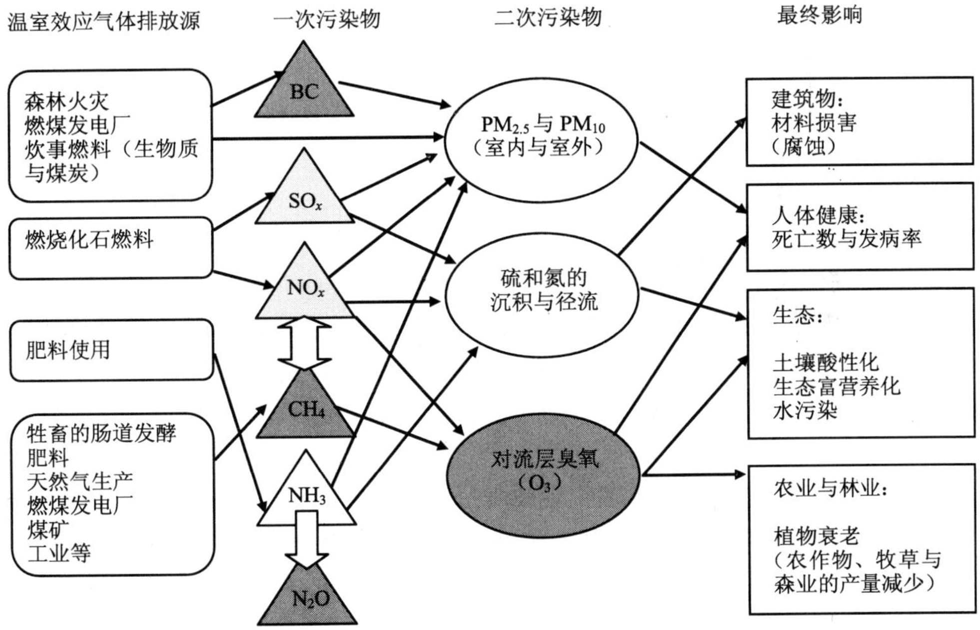


注：深色表示气体对气温的上升发挥正作用，而浅色表示气体发挥负作用。白色箭头表示污染物间非常重要的互相作用。一次污染物被直接排放到大气中，并且一次污染物通过化学或者光化学反应在大气中形成二次污染物。BC 代表黑炭。

**图 1-2 污染途径**

（来源：OECD）

作为气候变暖因子的地面臭氧与黑炭气溶胶同时也是空气污染物（因为甲烷是臭氧形成的前体物质）。臭氧会影响农作物的产量，因此造成粮食危机和人体健康问题。并且最值得关注的是臭氧为第三大重要的温室效应气体（Prather et al.，2001）[①]。黑炭是悬浮颗粒物的关键组成部分，它主要导致空气污染对健康的影响，并造成每年几十万人的过早死亡。与 $CO_2$ 相比，这些物质在大气中的停留寿命较短，臭氧与黑炭为几天或者几周，甲烷为 10 年。紧急措施减少它们在大气中的浓度会改善空气质量（降低健康与农作物产量的危险），并且相对地在短期内加快温室效应（SEI）。

### 1.3.2 协同效应评价的方法学

许多关于协同效应的定量研究，包括 IPCC 第四次评估报告中提到的评估研究，对象不同，方法各异。所开发的几个主要的模型，应用较广的包括两个：一个是应用系统分析国际研究所（International Institute for Applied Systems Analysis，IIASA）开发的温室气体-大气污染相互作用和协同模型（the Greenhouse gas – Air Pollution Interaction and Synergies，GAINS），另一个是美国环境保护局开发的综合环境战略项目（the Integrated Environmental Strategies，IES）。

（1）温室气体-大气污染相互作用和协同模型（GAINS）

温室气体-大气污染相互作用和协同（GAINS）模型寻求最成本有效的方法以同时降低温室气体及传统大气污染物的排放。针对外生给定的未来经济活动应用规划，GAINS 模型模拟其产生的所有主要大气污染物排放情景。模型估算减排潜力和成本，并考虑各种污染物减排的交互作用（Klaassen et al.，2004）。本质上说，GAINS 模型从污染物产生的驱动力（诸如能源消费、农业生产、工业活动等的经济活动）跟踪污染物，考虑具体地区和具体来源的排放物特征，通过各种各样的技术和非技术措施分析减排潜力并估算相应成本，模拟大气中排放物的聚散过程，并计算对人类健康、生态系统、温室气体排放的影响指标。除考虑 $SO_2$、$NO_x$、$PM_{2.5}$、$PM_{10}$、$NH_3$、VOC 外，GAINS 模型还考虑 $CO_2$、$CH_4$、$N_2O$、CFCs、HFCs、$SF_6$ 等温室气体。利用《京都议定书》中规定的全球变暖潜力，模型量化微小颗粒物、地表臭氧、过度酸性化合物（硫和氮）沉积、生态系统过度含氮等对健康的影响。

GAINS 模型已经在欧洲、中国和印度得到应用。这些应用包括欧洲 42 个国

① 尽管臭氧有温暖化辐射性质，但是它没有被包括在《京都议定书》中，或许因为它是间接污染物，它是通过在大气中与其他直接污染物产生化学反应形成的。

家、中国 32 个行政区（省）和印度 23 个州的经济统计、能源和农业规划、排放清单等项目。

GAINS 模型运用到 2030 年为目标的能源消耗、工业及农业活动的外生供应目标作为其排放目标的经济动力。根据这些活动预测，GAINS 模型提供了削减 $CO_2$ 排放的 160 种选择、$CH_4$ 排放 28 种选择、$N_2O$ 排放的 18 种选择以及含氟气体排放的 22 种选择（Klaassen et al.，2005，Höglund-Isaksson and Mechler，2005，Winiwarter，2005，Tohka，2005）。对于空气污染物（$SO_2$，$NO_x$，PM，$NH_3$，VOC），GAINS 模型囊括了超过 1 500 种排放控制措施（Cofala and Syri，1998a，Cofala and Syri，1998b，Klimont et al.，2000，Klimont et al.，2002）。对每个污染物源区，模型量化分析了每种选择的减排潜力和相应成本。

细微颗粒物（$PM_{2.5}$）形成于颗粒的初次排放及二氧化硫、氮氧化物和氨的二次产品，GAINS 模型可以量化分析人类暴露于 $PM_{2.5}$ 的健康影响。作为对健康影响的指标，根据国际流行病学几十年跟随对暴露于不同微粒物质的人们生存的长期研究（Pope et al.，2002），模型的评估可以量化统计的平均寿命的损失（Mechler et al.，2002）。

GAINS 模型可用于许多不同目的。作为数据库，它提供未来情景下的活动数据和控制战略；作为排放模型，它评估当前和未来大气质量政策所导致的排放量和成本。由于 GAINS 模型是由大气扩散模型推演得来的，所以，GAINS 模型可以计算，由于空气污染政策的改变所导致的结果对环境影响的减少。此外，GAINS 模型的优化模块，可以用来寻找成本有效控制的一系列措施，以满足给定未来某个时间点的环境目标集。这些环境目标可以被定义在排放方面或者是影响方面。例如，由于对微细颗粒物的曝光导致的预期寿命的缩短。

（2）美国环境保护局一体化环境战略（IES）项目

另一个被应用在许多亚洲和拉美国家评估温室气体、大气污染和其他协同效应的方法是 1998 年美国环境保护局的一体化环境战略（IES）项目。IES 旨在在当地、大城市区或国家等各种层面提供一个框架及相关模型和工具。IES 已经被实施国用于量化环境（包括空气质量和温室气体）、公众健康及经济方面的协同效应。

与 GAINS 不同，IES 不是一个模型，而是一个通过将必要的模型和工具结合在一起用于分析协同效应的框架。IES 框架的步骤包括项目队组建、开发能源/排放情景、计算大气浓度、量化公众健康影响、评估健康收益的经济价值、对各种措施和结果进行排序、实施措施等。

### 1.3.3 协同效应评价研究

关于温室气体与传统污染物间的协同效应评价研究已经开展了一些，例如上面提到的加拿大案例、中国的北京案例、上海案例等。此外，还包括：

环境保护部环境与经济政策研究中心对重大能源工程项目西气东输工程开展了环境协同效应研究，结果显示：作为能源结构调整和改善的重大项目，西气东输工程可以在显著减少 $SO_2$ 等大气污染物排放的同时，大幅度减少 $CO_2$ 等温室气体排放，即有显著的环境协同效应，而且，该工程的环境协同效应随供气规模的增大而逐渐增大。具体而言，2003—2020 年，将累计减排约 312 万 t $SO_2$，同时，将减排 3 475 万 t $CO_2$，如果和无西气东输的常规情景（BAU）比较，则分别比 BAU 情景减排 40.5%和 17.9%。其中，2010 年和 2020 年将分别减排约 16 万 t 和 31 万 t $SO_2$，分别比 BAU 情景减排 39.9%和 43.5%；同时分别减排 176 万 t 和 351 万 t$CO_2$，分别比 BAU 情景减排 17.6%和 19.3%。从部门而言，对电力部门产生的影响最大，而且电力部门产生的协同效应也最大，占到总协同效应量的 96%。

Yeora Chae（2010）评估了首尔空气质量管理规划与 $CO_2$ 排放控制措施的协同效应。该研究分析了 $NO_x$、$PM_{10}$ 与 $CO_2$ 的减排与成本估计，并定量化评价多种减排大气污染物和温室效应气体的措施。通过利用排放因子计算各种减排措施产生的 $NO_x$、$PM_{10}$ 与 $CO_2$ 减排量，综合各因素单位减排成本，比较各种措施的减排成本效率，最后研究结果表明，综合的环境战略与在 2014 年的常规情景相比，可能产生 10.3Mt$CO_2$ 的减排，超过 $CO_2$ 减排目标，并同时达成空气质量改善目标。

Petter Tollerfsen 等（2009）在一项关于欧洲大气污染政策的研究中，运用 RAINS 模型，根据 2030 年前的相关排放量与气候变化情景，评估了大气污染物对气候的损失成本，得出大气污染物减排产生的减少气候影响的协同效应。如果将在大气污染控制政策中加入防止气候变化目标，可以得到 25 亿欧元的效率收益（efficiency gains），与最理想的减排污染的措施相比减少 7%的损失，另外民生和农业部门的 $CH_4$ 减排量增加 109%，工业加工 25%。特别是交通部门在 $CH_4$ 之外，$PM_{2.5}$ 的减排量增加 23%；黑炭 34%；OC 13%；$NO_x$ 8%。另外，发电厂的 $NO_x$ 减排量增加 32%，工业加工的 VOC 减排量增加 15%。

另一项关于西欧的气候政策与避免空气污染控制成本的研究成果（Nathan Rive，2009）指出，减少 $CO_2$ 的排放会同时伴随着大气污染物的排放，比如 PM、$SO_2$、$NO_x$。因此，为达到空气质量目标，会减少对终端污染物控制技术（End of pipe technologies）的需要。这个将成为设置更严格的可达成的空气质量目标与增加气候政策的可行性。在研究中使用了 CGE 模型，通过对这个模型的改造加入了在 EU-17 中固定污染源的 PM、$SO_2$、$NO_x$ 的排放量及终端减排量。为评估同时进行空气质量与气候政策，情景模拟到 2020 年。研究发现 2010 年完成《京都议定书》规定的目标，污染物控制的社会福利成本与基准线相比会降低 16%，减少 15%的减排 $CO_2$ 成本。

Bollen 等（2009）的研究中，假设了当所有国家采取联合行动彻底地减排局地大气污染物，这个情景下，局地大气污染控制政策可以实质性减少温室气体排放量。如果一些国家设定了彻底减排局地污染物目标的话，即使这些国家不参加国际减缓气候变化协议，他们也可以通过局地污染控制政策的附带效应实现大量的温室效应气体减排。那是因为只通过终端措施（对温室效应气体减排无效）是不可能达成巨大的局地大气污染物减排目标的，还必须提高能源效率。提高能源效率将会产生显著的温室效应气体减排效果。

### 1.3.4 协同效应文献综述小结

通过以上对污染物减排与温室气体减排的协同效应文献综述可以看出如下几个特点：一是从研究方向上看，研究减少温室气体排放措施对传统污染物减排的协同效应相关研究相对较多，而针对传统污染物减排措施对温室气体排放的协同效应研究相对较少；二是从研究属性上看，对传统污染物减排措施对温室气体排放的协同效应主要针对的是健康效益和成本等问题研究，即货币化协同效应研究的多，而真正考虑对传统污染物影响的较少，也就是说，物质化协同效应研究的少；三是从研究对象上看，所开展的研究对象其他国家多，专门针对中国的较少；四是从研究方法上看，通过模型模拟的多，具体计算的少，这样由于各地因子不同、损害量化标准不同，量化结果差异非常大，也不具有可比性，从方法论本身来看，也很不成熟；五是从研究运用角度看，纯粹科学研究的较多，用于政策参考或决策的较少。

## 1.4 研究目的

考虑到国际、国内背景，特别是气候变化、温室气体排放与国内环境污染治理、总量减排的密切关系及重要意义，认识到污染减排是中国“十一五”时期环境保护工作的重要行动，该行动同时对减少中国温室气体排放有重要的协同作用，“中日污染减排与协同效应研究示范项目”的主要目的就是落实“双方”签署的该“意向书”，将解决国内的环境污染问题与解决全球的气候变化问题结合起来，为有效协调国内环境保护政策与气候变化政策提供决策参考。具体目的包括三个层面：

宏观研究层面：开发污染物总量减排措施对温室气体减排的协同效应评价方法；开展示范城市“十一五”污染物总量减排措施对温室气体减排的协同效应评价研究。

示范城市层面：通过加强技术交流和能力培训，实际参与中日污染减排的协同效应研究，提高示范城市总体环境管理水平。

微观企业及技术点层面：选择烧结、余热余压综合利用等有针对性的点，开展技术培训和环境管理对话，开发几个有代表性的清洁发展机制（CDM）项目。

总而言之，通过此项目解释或回答以下问题：中国示范城市“十一五”污染减排措施对减缓全球气候变化的协同效应和贡献？协同效应的主要来源？协同效应是多大？

本报告是宏观层面研究的主要产出。

## 1.5 技术路线和内容结构

本研究主要采用定量研究，同时采用案例分析、政策分析、比较分析等相结合的研究方法。

具体技术路线上，本研究从协同效应提出的背景及内涵出发，对已有揭示了全球温室气体减排与地方环境质量改善之间的相互影响和作用关系的研究成果进行回顾、梳理和综合分析，同时对现有国际国内气候变化和污染控制政策进行评价分析，以及对协同效应相关技术进行了具体描述和介绍，然后提出本研究协同效应评价方法，并对攀枝花市和湘潭市两个示范案例进行了具体量化评价和计算，最后通过分析得出中国示范城市协同效应评价的结果并提出政策建议。这个思路大体可以用图 1-3 来表示。

全书共分 9 章，分别探讨了协同效应评价的理论、方法、实践及政策意义。第 1 章是引言，介绍开展协同效应评价的背景、意义、协同效应文献综述、本书研究目标等。第 2 章是协同效应的内涵，在归纳总结协同效应文献基础上，提出本项目协同效应评价的方向和内涵。第 3 章是协同效应的政策分析，从气候变化与污染减排两个政策方向分别考虑。第 4 章是协同效应的技术选择，从电力、钢铁、水泥等不同行业现有的协同效应技术进行评价和分析。第 5 章是协同效应评价方法论，以中国污染物总量减排核查方法为基础，从结构减排、工程减排和管理减排三个方面提出开展污染物对温室气体的协同效应评价方法，这也是本项目的核心。第 6 章和第 7 章分别以攀枝花市和湘潭市为案例，利用上述评价方法，进行了具体的协同效应评价。第 8 章对两个案例的评价结果进行分析并得出相关结论。第 9 章基于以上分析提出开展协同效应的政策建议。

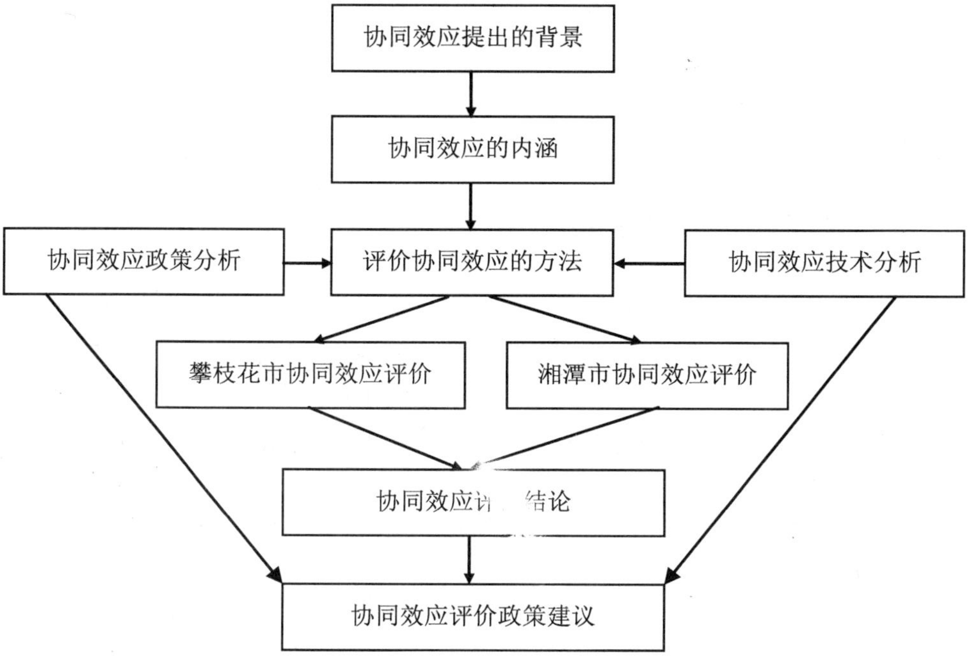


图 1-3 技术路线图

# 2 协同效应内涵

## 2.1 协同效应内涵的文献综述

“协同效应”原本为一种物理化学现象，又称增效作用，是指两种或两种以上的组分相加或调配在一起，所产生的作用大于各种组分单独应用时作用的总和，简单地说，就是“1+1>2”的效应。协同效应常用于指导化工产品各组分组合，以求得最终产品性能增强。1971 年，德国物理学家赫尔曼·哈肯提出了协同的概念，1976 年系统地论述了协同理论，并发表了《协同学导论》等著作。协同论认为整个环境中的各个系统间存在着相互影响而又相互合作的关系。这里的“协同效应”术语对应着英文的“synergy effects”。

事实上，协同效应已被医药、水产、教育、军事、商业、人事管理、传媒等多个自然或社会领域所应用，或者直接应用了其物理化学反应本身，或者间接应用了其协同效应的理念。例如：20 世纪 60 年代美国战略管理学家伊戈尔·安索夫（H. Igor Ansoff）将协同的理念引入企业管理领域，协同理论成为企业采取多元化战略的理论基础和重要依据。1965 年，安索夫首次向公司经理们提出了协同战略的理念，他认为协同战略可以像纽带一样把公司多元化的业务联结起来，即企业通过寻求合理的销售、运营、投资与管理战略安排，可以有效配置生产要素、业务单元与环境条件，实现一种类似报酬递增的协同效应，从而使公司得以更充分地利用现有优势，并开拓新的发展空间。企业协同效应主要包括经营协同效应、管理协同效应和财务协同效应。协同效应主要源于范围经济、规模经济、流程/业务/结构优化或重组三个方面。安德鲁·坎贝尔等（2000）在《战略协同》一书中说：“通俗地讲，协同就是‘搭便车’”。

随着气候变化谈判的升温和研究的深入，气候变化领域的协同效应概念逐渐被提出。这里协同效应的英文词汇指“co-benefits”，而非“synergy effects”。2001 年，IPCC 的《第三次评估报告：TAR》正式开始使用“co-benefits”一词，对“协同效应”做了如下定义：“由于各种原因同时执行政策的效益，包括减缓气候变化。

它表明大多数为减排温室气体而制定的政策也都有其他同等重要的理由（例如，与发展、可持续性和公平相关的目标）。这里英文用了“co-benefits”一词，虽然其正式中文翻译不是“协同效应”，而是“共生效益”，但是意思相近，而其与温室气体[①]减排政策的“辅助效益”（ancillary benefits）差别是很大的（TAR-WG3）。辅助效益是指特定的气候变化减缓政策产生的辅助或附带效益。“共生效益”一词用法更广泛，既表示正效益也表示负效益。另见辅助收益[②]。

随后，一些国家或国际组织开始开展相关协同效应的研究和活动，“协同效应”所对应的英文词汇都是“co-benefits”，但有着不同的内涵。OECD 认为：“协同效应”指温室气体减缓政策制定中明确考虑了影响并把影响货币化了的部分。美国环境保护局的《综合环境战略手册》中提出“协同效应包括由于当地采取减少大气污染和相关温室气体的一系列政策措施所产生的所有正效益”。日本地球环境战略研究所（IGES）的《IGES 白皮书 2008》中提出“在亚洲，协同效应是在局地水平上通过所希望的可持续发展得到的额外效益，如空气质量与水质的改善、能源安全保障的强化、交通状况的改善等，并且这些是必须附随在交通、农业、林业、工业及基础设施等各个部门的气候变化政策中的”。日本国际协力机构（JICA）在《协同效应型气候变化对策与 JICA 的协力》中指出，协同效应型气候变动对策是同时贡献于发展中国家的可持续发展与气候变化对策的行动，是以实现发展效益与气候效益两者为目的的。协同效应措施在广义上，包含减排措施与适应措施两者。亚洲城市清洁空气行动（CAI-Asia）把协同效应释为一个混合体，认为协同效应是针对空气污染、能源供给、气候变化制定的一套综合的方式，同时认为一些其他非指定的效益也出现，如改善交通、城市规划、减少对人体健康和农业的影响、改善经济或者减少总体的政策实施成本。欧洲环境局（EEA）遵从了 IPCC 对协同效应的定义，并且强调了针对空气污染与气候变化的协同控制战略中资源有效利用的重要性。具体内容见表 2-1。

---

① 温室效应气体：在《京都议定书》中二氧化碳（$CO_2$）、沼气（$CH_4$）、一氧化二氮（$N_2O$）、氢氟碳化合物（HFCs）、氟化碳（PFCs）、六氟化硫（$SF_6$）这 6 种气体被认定为减排对象气体。

② IPCC AR4-中文综合报告第 79 页。IPCC ar4-wg3-7 484 页英语原文：The TAR explained that ‘co-benefits are the benefits from policy options implemented for various reasons at the same time, acknowledging that most policies resulting in GHG mitigation also have other, often at least equally important, rationales’ (IPCC, 2001a)。In this report sometimes the term “co-benefits” is also used to indicatethe additional benefits of policy options that are implemented forvarious reasons at the same time, acknowledging that most policiesdesigned to address GHG mitigation also have other, often at leastequally important, rationales, e.g., related to objectives of development,sustainability and equity. The benefits of avoided climate changeare not covered in ancillary or co-benefits.

**表 2-1　不同国家和机构对协同效应的定义**

| 机构 | 出版物/时间 | 对协同效应的定义 |
| --- | --- | --- |
| 联合国政府间气候变化专门委员会（IPCC） | 《TAR》/2001 年<br>《AR4》/2007 年 | 《TAR》的 7.2.2.3 中指出，“Co-Benefits”是指减缓温室气体排放的政策所产生的非气候效益，并且这些效益是明确地包含在最初制定减缓排放政策之中的。它反映了多数针对减缓温室气体排放的政策也同时拥有其他根本理由，而且这些理由通常与减缓排放二氧化碳至少有同样重要性，并且它们在政策制定之初就被包括（如：与发展、可持续性和公平性相关的各项目标）<br>而温室气体减排政策的“辅助效益”（Ancillary Benefits）包括气候变化减缓政策的次级作用以及副作用，它出现在被提议的温室效应气体减缓政策之后。这包括因减少化石燃料燃烧带来的局地或者区域大气污染的改善；对交通、农业、土地利用、就业、能源保障的间接作用。有时一些效益被称为是“辅助影响”（Ancillary impacts），这反映在某些情况下效益是“负的”。从减轻局地大气污染的政策来看，减缓温室气体排放可以是一个辅助效益 |
| 美国环境保护局（U.S.EPA） | 《Integrated Environment Strategies Handbook》/2004 年 12 月 | “协同效应”是指通过一项或一套措施所产生的两个或者更多效益。协同效应通常有（1）因减少局地大气污染而产生的健康及经济效益，（2）减少污染物排放所关联的温室效应气体减排。某些文献对“协同效应”的表述采用了不同的观点（有时采用“协同控制”或者“协同控制措施”），其中有部分观点是更加有限制性的。例如，一些研究认为无意识产生的效益不是协同效应<br>但效益是可以无意识产生的，当决策者带着一个目标实施了一项政策，然后发现这项政策产生了额外的协同效应。因此 U.S.EPA 对“协同效应”采用一个较为宽泛的释义，并把从政策措施产生的任何积极的效益都认为是政策的“协同效应”，条件是减少温室效应气体减排是所达成的效益之一 |
| 日本地球环境战略研究所（IGES） | 《IGES 白皮书》/2008 年 | 亚洲的发展协同效应是，在地方层面上通过适当的可持续发展所产生的额外效益，如空气质量与水质的改善、能源安全保障的强化、交通混乱的改善等，并且这些是必须随附在交通、农业、林业、工业及基础设施等各个行业的气候变化政策中 |
| 日本国际协力机构（JICA） | 《协同效应型气候变化对策与 JICA 的协力》/2008 年 6 月 | 协同效应型气候变动对策是同时贡献于发展中国家的可持续发展与气候变化对策的行动，是以实现发展效益与气候效益两者为目的的。协同效应对策在广义上，包含减排措施与适应措施两者的。但是，在减排措施方面，与发展效益不同，全体地球系统的构成者是气候效益的受益者，因此相应的发展中国家很难实际感受到气候效益。这是在考虑发展中国家的减排措施中必须注意的，也是减排措施中协同效应型措施被特别重视的理由 |

| 机构 | 出版物/时间 | 对协同效应的定义 |
|---|---|---|
| 经济合作与发展组织（OCED） | 《Co-Benefits of Climate Change Mitigation Policies》/2009 年 | 由于作为气候变动政策协同效应的局地污染控制，它会在近期获得收益，而缓和气候变动的效益则出现在遥远的未来，所以通过抵消减排温室效应气体的近期成本，协同效应提供一些参加减缓气候变动协议的鼓励因素 |
| 欧盟环境局（EEA） | EEA 与 GreenFacts 网页① | （EEA）减排的协同效应：减排措施也可以有其他社会效益，比如因减少大气污染节约健康成本。然而在整个国家或者国家集团的减排可能会在别处导致更高排放或者作用在全球经济<br>（GreenFact）减排措施不仅帮助减少或者延迟气候变化的影响，他们也有其他有益的作用，比如能源利用以及局地大气污染。通过减少温室效应气体排放产生的减少大气污染的效果，可以产生可持续的健康效益并且因此可以抵消一部分削减成本 |
| 亚洲城市清洁空气行动 CAI-Asia | CAI-Asia 网页②/2010 年 4 月 | CAI-Asia 所指的“协同效应”是（1）一个综合途径，有益于管理气候变化、能源及大气污染，并且可以提供多样的效益（“协同效应”），如减少大气污染物排放以及相应的健康风险与气候风险，加强能源安全保障与大幅度降低成本。（2）协同效应途径是 IPCC 提倡的，《AR4》中指出“综合减少大气污染与减缓气候变化的政策与单独的那些政策相比，可以提供大幅度削减成本的潜力” |
| 日本海外环境协力中心 | Co-benefit approach 主页③ | 协同效应途径是，实施气候变动对策的同时，对于发展中国家开展可持续发展事业有着促进作用的手法。特别是在关注社会经济开发的实现与环境问题的改善的发展中国家，协同效应途径的目标是同时解决地球规模的气候变动对策与国内或者地方层面问题（例如：严重的环境问题）<br>协同效应途径在推进发展中国家的可持续发展与气候变动对策的同时，并且促进发展中国家形成积极的、有较高实效性的气候变动对策 |
| 环境保护部环境与经济政策研究中心 | 《环境保护》杂志，2004 年 | 协同效应内涵包括两个方面：一方面是在控制温室气体排放的过程中减少了其他局域污染物排放（例如 $SO_2$，$NO_x$，CO，VOC 及 PM 等）；另一方面，在控制局域的污染物排放及生态建设过程中同时也可以减少或者吸收二氧化碳及其他温室气体排放 |

① EEA 网页（http://www.eea.europa.eu/themes/climate/faq/what-actions-can-be-taken-to-reduce-greenhouse-gas-emissions；http://www.greenfacts.org/en/climate-change-ar4/l-2/8-mitigation-emission-reduction.htm#3）。

② CAI-Asia 网页（http://cleanairinitiative.org/portal/node/3965）。

③ Co-benefit approach 主页（http://www.kyomecha.org/cobene/index.html）。

## 2.2 中国及本书中的协同效应内涵

从以上对协同效应内涵的讨论及文献综述来看，协同效应的研究和内涵适用于包括与气候变化相关领域及非气候变化领域两个方面。非气候变化领域包括环境化学等自然科学领域及企业管理等社会经济领域。与气候变化相关的领域又可以归类为物质化和货币化两大角度。其中，货币化角度包括实施与气候变化相关的政策对人体健康、农业以及其他社会经济产生的效益。这种效益和影响一般是单向的。物质化角度包括实施与气候变化相关的政策对环境介质，例如大气污染物、水污染物、固体废物等污染物以及生态环境产生的影响和效益。而具体到物质化的协同效应，一般是双向的，既可以是与气候变化相关的政策对环境介质的影响效应，也可以是对环境介质和污染物采取的政策措施对气候变化所产生的影响。

在气候变化领域，根据以上各机构赋予协同效应的内涵看，IPCC TAR 提出的协同效应内涵既包括物质化也包括货币化角度，比较宽泛，是一个一般意义上气候变化领域对协同效应的理解，包括社会、经济、环境等多种效益，但没有专门针对气候变化和环境保护的关系；OECD 关于协同效应的概念只是强调了温室气体减缓以及货币化；美国环境保护局（U.S.EPA）提出的协同效应定义虽然一方面包括因减少局地大气污染而产生的健康及经济效益，另一方面包括减少污染物排放所关联的温室效应气体减排，但是，主要在货币化方面。而且，在地方污染控制方面只包括大气污染，没有与温室气体碳汇密切相关的生态建设方面。欧盟环境局（EEA）、亚洲城市清洁空气行动（CAI-Asia）等提出的主要是减缓气候变化政策所带来的健康收益，因此，主要是从货币化角度考虑。日本相关机构的协同效应概念更侧重地域或具体目的的研究，没有特别强调货币化收益。

环境保护部环境与经济政策研究中心（PRCEE）2003 年提出的协同效应内涵包括两个方面：一方面是在控制温室气体排放的过程中减少了其他局域污染物排放（例如：$SO_2$、$NO_x$、CO、VOC 及 PM 等）；另一方面，在控制局域的污染物排放及生态建设过程中同时也可以减少或者吸收 $CO_2$ 及其他温室气体排放。应该说这一内涵主要是从物质化角度考虑了协同效应。详见图 2-1。

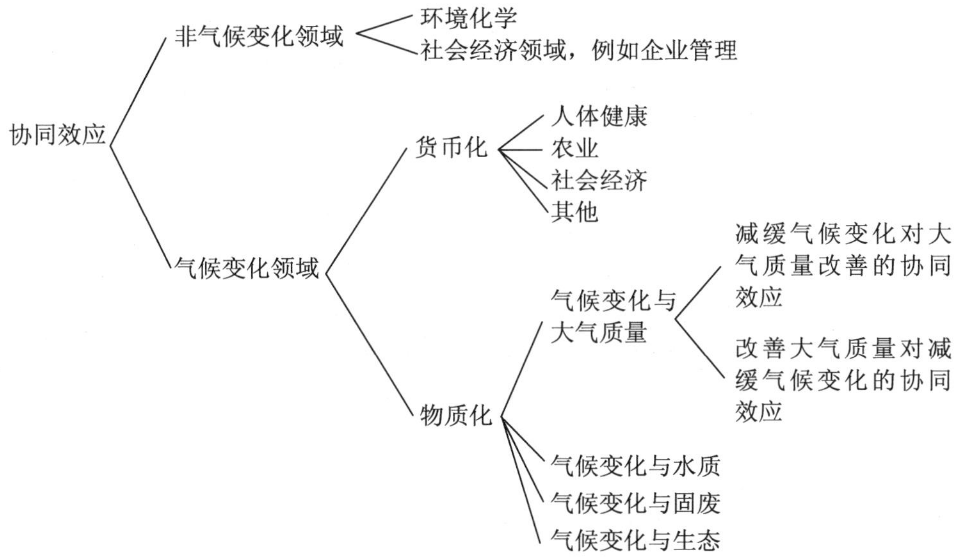


**图 2-1 协同效应的内涵**

在中国，理解和研究环境政策的协同效应有四个发展阶段和特征：

第一个阶段：前协同效应期：具体表现在地方污染控制政策和气候变化政策分别独立考虑。从认识上没有考虑到两者间的关联。

第二个阶段：协同效应的评估阶段：开始逐渐认识到当地污染和温室气体减排彼此关联，开展一些研究项目评估环境政策（当地的污染减排和温室气体减排）的协同效应。例如，北京、上海、石家庄地方案例研究，西气东输环境协同效应研究等。

第三个阶段：协同效应影响分析阶段：具体分析协同效应对地方污染控制政策和全球温室气体减排政策的影响。例如，开展了中国协同效应的政策影响研究。

第四个阶段：协同控制政策分析阶段：对当地污染控制的协同效应收益和温室气体减缓政策同时分析，并提出同时减少地方污染物排放及减缓温室气体排放的政策调整措施，以获得最大的环境政策协同效应，并使协同控制产出最大。

“协同效应”从概念到实践是一个不断发展和完善的过程，各阶段没有明显的时间界限。目前，关于第二、三、四阶段的研究均在进行。

本书所研究的协同效应内涵具体指“与气候变化领域相关的、物质化的、一定时期内治理大气污染物措施对温室气体减排所产生的影响或作用”。具体以上述协同效应的第二、三阶段为主。需要说明的是，本书所涉及的“协同效应”采用的是英文“co-benefits”一词，尽管从中文直译一般叫协同效益或共生效益。之所以用“协同效应”而非“协同效益或共生效益”主要是基于如下考虑：一是本研究主要目的是为了落实 2007 年 12 月中国国家环境保护总局和日本国环境省签署的“关于合作开展协同效应研究与示范项目的意向书”。该意向书中文版本所采用的中文词语是“协同效应”，英文是“co-benefits”。二是考虑到“协同效应”较中性，而“协同效益”或“共生效益”更强调正面的、积极的影响，而实际上根据政策和实际经验来看，污染减排对温室气体减排的影响和作用既有正面影响也有负面影响。三是这里的协同效应既包括空间尺度的效应，例如全球温室气体层面的以及区域和地方层面的，也包括时间尺度的效应，例如“十一五”期间这样的时间范围，而且更加强调的是全球温室气体和地方污染物层面的关系。而“效益”则对空间尺度的反应较弱，强调的是时间尺度的收益，既包括当前的可见收益，也包括未来的预期收益。四是协同效应既可以反映物质化的效果，也可反映非物质化或货币化的效果，但协同效益则更强调货币化的效果。而本课题所研究的内容和方法较少涉及货币化的效果，更多是研究对污染物及温室气体减排量本身的物质化的考量。

# 3 中国传统大气污染物总量控制与温室气体减排的协同效应相关政策分析

考虑到本书所指的协同效应主要是当地传统大气污染物总量控制与全球温室气体减排间的协同效应，为此，关于政策的相关分析也主要考虑大气污染物总量控制政策与气候变化相关政策。

## 3.1 传统大气污染物总量控制政策

与传统大气污染物总量控制相关的政策包括国家可持续发展的宏观政策、基本法律、法规以及部门规章等。

国家可持续发展的宏观政策包括早在 1994 年发布的《中国 21 世纪议程——中国 21 世纪人口、环境与发展白皮书》（以下简称《21 世纪议程》），其中提出了可持续发展的总体战略和政策，包括局地传统大气污染物的治理等。

国家层面的基本法律主要有 1989 年 12 月 26 日发布并施行的《中华人民共和国环境保护法》及 2000 年 4 月 29 日发布并施行的《中华人民共和国大气污染防治法》。这两部法律是“十一五”时期大气污染物总量控制的重要依据和基础。《中华人民共和国环境保护法》规定了关于环境保护的法律责任与国家及地方政府的监管责任，要求企业采用高能效、低污染工艺，淘汰落后生产设备，严格执行环保“三同时”制度等。《中华人民共和国大气污染防治法》更进一步详细规定了针对大气污染的法律责任和有计划地控制或者逐步削减各地方主要大气污染物的排放总量的国家措施，以及各地方政府的监督管理。明确要求企业应当优先采用利用效率高的能源、清洁生产工艺、淘汰落后设备、提高可燃性气体回收利用率。鼓励降低煤的硫含量、碳含量的技术开发和推广，支持消耗臭氧层物质替代品的生产和使用。

除此之外，国家层面涉及的传统大气污染物总量控制，由国务院颁布的相关法规包括《关于加快推进产能过剩行业结构调整的通知》、《关于完善差别电价政策的意见》、《关于加快关停小火电机组若干意见的通知》、《节能发电调度办法（试行）》、《建设项目环境保护管理条例》、《规划环境影响评价条例》、《排污许可证管理条例》等。《关于加快推进产能过剩行业结构调整的通知》具体规定了需要淘汰的落后生产能力（如：关停小油机和 5 万 kW 及以下凝汽式燃煤小机组）。《关于完善差别电价政策的意见》制定了具体的差别电价的实行机制（如：将淘汰类企业电价提高到比目前高耗能行业平均电价高 50%左右的水平）。另外，为了行业结构调整，实现“十一五”的“上大压小”目标，《关于加快关停小火电机组若干意见的通知》，具体规定了新建燃煤机组必须同步建设高效脱硫除尘设施，现役单机 13.5 万 kW 以上燃煤机组要尽快完成脱硫设施改造，公布了各种需要关停小燃煤（油）机组的具体规格（如：单机 20 万 kW 以下的各类机组等）。

由于环境保护部是负责大气污染物总量减排的主要部门，所以部门层面涉及大气污染物总量减排的规章主要是环境保护部单独或联合其他部委发布的。例如：为了确保环境保护设施的运行能有效控制大气污染物排放总量，2007 年国家环境保护总局发布了《环境保护设施运行管理条例》。同年，国家环境保护总局联合国家发展和改革委员会出台了《燃煤发电机组脱硫电价及脱硫设施运行管理办法》，该政策为安装脱硫设施后的燃煤发电机组制定了上网电价优惠价格以及根据脱硫设备投运情况制定了电价浮动机制（如：安装脱硫设施后，其上网电量执行在现行上网电价基础上每千瓦时加价 1.5 分钱的脱硫加价等）。为了鼓励企业加强环保措施，同年国家环境保护总局联合财政部发布了《中央财政主要污染物减排专项资金管理暂行办法》，制定了对主要污染物减排取得突出成绩的企业和地区的奖励机制。从管理手段出发，2007 年国家环境保护总局发布《首次申请上市或再融资的上市公司环境保护核查工作指南》，要求企业项目工程修改建时严格执行“三同时”、“环境影响评价制度”，落实上市公司的污染物总量减排。为了配合加快推进产能过剩行业的结构调整，同年国家环境保护总局发布了《关于落实环保政策法规防范信贷风险的意见》，严格信贷环保要求、限制淘汰类项目以及不符合环境保护规定企业的信贷。并且 2007 年国家环境保护总局联合商务部发布了《关于加强出口企业环境监管的通知》，加强“两高一资”企业的环境监管力度，控制“两高一资”产品出口。通过上述组拳政策，起到了同时控制新项目的污染物增量与削减现有污染者的排放量的重要作用。

另外，地方各省也制定了相关的地方法规控制大气污染物排放。例如：湖南省的《长株潭城市群资源节约型和环境友好型社会减少综合配套改革试验总体方案》、《湖南省节能减排综合性工作实施方案》及《湖南省主要污染物排污权有偿使用和交易管理暂行办法》、四川省《中共四川省委、四川省人民政府关于进一步加强环境保护工作的决定》及《关于开展环境污染责任保险工作的实施意见》、河北省及山西省颁布了《减少污染物排放条例》、山东省制定了《火电厂大气污染物排放标准》、江苏省颁布了《关于实施蓝天工程改善大气环境的意见》、贵州省制定了《主要污染物总量减排攻坚工作行政问责办法》等。

由于上述多层面多项法律及政策法规的出台及实施，在 2010 年“十一五”规划结束之际，二氧化硫排放量比 2005 年下降了 14.29%，超额完成了 10%的目标。

## 3.2 减少温室气体排放相关政策

减少温室气体排放相关政策既包括综合性政策，也包括应对气候变化政策及其他相关政策。事实上，3.1 节所提及的很多控制大气污染排放的政策也是减少温室气体排放的政策。例如：《21 世纪议程》是减少大气污染物的重要政策，同时也提出对温室气体排放实施有效控制，降低二氧化碳排放增长速度，事实上也是协同效应型政策。为减少重复，上面所提及的控制大气污染排放的政策这里不再赘述，本节重点描述和分析与减少温室气体排放相关政策。

国家层面与温室气体排放相关的政策主要包括 1997 年通过、2008 年修订实施的《节约能源法》、2002 年通过并于 2003 年初实施的《清洁生产促进法》、2006 年通过、2010 年修订后实施的《可再生能源法》、2009 年实施的《循环经济促进法》等。这些法律制定和实施的目的之一或主要结果都在减少能源资源浪费、控制污染、减少温室气体排放，但又各有侧重。《可再生能源法》鼓励指导风能、太阳能、水能、生物质能、地热能、海洋能等非化石能源的开发利用，增加能源供应，改善能源结构。因为利用可再生能源发电，可以在电力供应侧综合降低国家电力生产的碳排放强度，从源头上减缓温室气体排放。修订后的《节约能源法》强调了全社会各个方面节约能源，提高能源利用效率，合理使用、节约能源的法律义务与责任。这也同样起着减缓温室气体的排放与避免其他大气污染物的排放的作用。因为通过能源利用者对能源的节约，可以从能源需求侧出发减少能源供给方的供给负担，以此达到减排温室气体的效果。《循环经济促进法》提倡生产、流通和消费等过程中资源消耗与废弃物产生的减量化及废弃物的再利用和资源化。在整个生产过程中降低资源的消耗和废弃物的产生，这也相应地会减少整个过程中能源的消费量，另外将废弃物再利用和资源化，比如利用高炉铁水渣生产水泥，可以减少生产过程中温室气体排放。

为控制温室气体排放，应对气候变化，中国 2007 年发布了《中国应对气候变化方案》，对控制温室气体排放提出了具体目标，即① 通过加快转变经济增长方式，强化能源节约和高效利用的政策导向，到2010年，实现单位国内生产总值能源消耗比2005年降低20%左右，相应减缓二氧化碳排放；② 通过大力发展可再生能源，积极推进核电建设与煤层气开发利用等措施，优化能源消费结构。到2010年，力争使可再生能源开发利用总量（包括大水电）在一次能源供应结构中的比重提高到10%左右；③ 发展循环经济，提高资源利用率，加强一氧化二氮排放治理等措施，到2010年，力争使工业生产过程的一氧化二氮排放稳定在2005年的水平上；另外还有通过农业和林业措施控制二氧化碳排放的目标。并且把减缓温室气体排放的重点领域设定为能源生产和转换、提高能源效率与节约能源、工业生产过程等。同时，提到技术转让和合作、能力建设等方面的气候变化国际合作。

政府法规层面，也有一些控制温室气体排放的相关政策。例如2007年国务院发布了《关于加快发展服务业的若干意见》、2008 年国务院办公厅印发《关于加快发展服务业若干政策措施的实施意见》，组织修订《产业结构调整目录》、国务院于2007年和2009年发布《关于加快关停小火电机组的若干意见》和《关于抑制部分行业产能过剩和重复建设引导产业健康发展若干意见》。这些措施对加快淘汰落后产能控制高耗能、高污染产业规模，降低高耗能、高污染产业比重，最终减少温室气体排放具有重要意义。此外，由发改委和建设部制定和修订《节约用电管理办法》、《节约石油管理办法》、《建筑节能管理条例》，国务院办公厅下发的《关于严格执行公共建筑空调温度控制标准的通知》，国务院2008年公布的《民用建筑节能条例》、《公共机构节能条例》等政策对于节约能源，控制温室气体排放都发挥了重要作用。

地方层面也制定了关于节能并间接减少温室气体排放的相关政策，除了 3.1 节中已提及的综合性政策，还包括节能方面的综合政策、经济政策和技术标准等。例如：湖南省的《湖南省“十一五”节能工作实施方案》、《湖南省节能技术改造财政奖励资金管理暂行办法》、《湖南省公共建筑节能设计标准》，四川省《四川省经济委员会关于印发加强节能监察工作意见的通知》等。

## 3.3 中国传统大气污染物总量控制与温室气体减排的协同效应相关政策分析

通过以上对中国传统大气污染物总量控制与温室气体减排的协同效应相关政策的分析，结合其他具体政策，可以看出两种政策具有一定协同性，国家宏观政策及地方政策的协同度较高，而部门政策协同度较低。具体如下：

第一，国家宏观政策可以自动实现大气污染物和温室气体减排协同效应。正如 3.2 节所言，很多控制大气污染排放的政策也可以减少温室气体排放，反过来，一些减少温室气体排放的政策也能够减少大气污染物排放，特别是在国家宏观政策层面体现得尤为明显。例如：上面提到的《21 世纪议程》、《节约能源法》、《清洁生产促进法》、《循环经济促进法》、《关于加快推进产能过剩行业结构调整的通知》、《关于加快发展服务业的若干意见》、《关于加快关停小火电机组的若干意见》和《关于抑制部分行业产能过剩和重复建设引导产业健康发展若干意见》等。实际上，由于大气污染物和温室气体的同源属性，只要是从源头控制能源资源、预防为主的政策都会自动产生二者的协同效应。另外，国家通过经济激励政策实现温室气体和大气污染物减排的“双赢”。为促进可再生能源发展，由国家发展和改革委员会等相关部门联合制定了《公共基础设施项目企业所得税优惠目录》，实施“三免三减半”的企业所得税优惠政策。2010 年国务院转发了国家发展和改革委员会等部门《关于加快推进合同能源管理促进节能服务产业发展的意见》，在加快节能新技术、新产品的推广，促进节能服务产业发展，不断提高能源利用率方面起到了非常关键的作用。

第二，国家层面通过体制创新主动实现大气污染物和温室气体减排协同效应。例如：为切实加强对应对气候变化和节能减排工作的领导，2007 年国务院成立了国家应对气候变化及节能减排工作领导小组，作为国家应对气候变化和节能减排工作的议事协调机构。国务院总理担任组长，包括国家发展和改革委员会、环境保护部等在内的部门负责人都为领导小组成员。领导小组的主要任务是：研究制订国家应对气候变化的重大战略、方针和对策，统一部署应对气候变化工作，研究审议国际合作和谈判对案，协调解决应对气候变化工作中的重大问题；组织贯彻落实国务院有关节能减排工作的方针政策，统一部署节能减排工作，研究审议重大政策建议，协调解决工作中的重大问题。国务院随后印发了《节能减排综合性工作方案》，建立节能减排目标责任制度，批转了《节能减排统计监测及考核实施方案和办法》。这些制度安排和政策措施保障了大气污染物和温室气体减排政策制定和政策实施的统筹。

第三，从总量减排政策和温室气体控制政策协调度角度考虑。如果将总量减排政策和温室气体控制政策相互协调和相互影响的程度定义为协同度的话，那么，国家法律、法规和政策协同度最高，其次为地方政策，部门法规层面较低。通过表 3-1 的政策矩阵分析可以看出，国家法律、法规和政策总体上是统筹考虑局地污染物和全球温室气体减排的，但也并非完全一致。有些政策需要进一步完善统筹考虑大气污染物减排和温室气体减排，特别是在二者相矛盾方面。例如：《可再生能源法》提倡大力发展风电、水电、太阳能、生物质等可再生能源，但是对发展这些能源可能引发的潜在环境风险并没有充分考虑。1989 年的《环境保护法》作为综合性宏观政策，仅仅涉及局地污染控制，对全球温室气体等全球环境保护事务鲜有涉及。作为总量减排政策和温室气体控制政策的实施主体，地方政府及其出台的相关政策部分缺少统筹考虑，例如：湖南省的《长株潭城市群资源节约型和环境友好型社会减少综合配套改革试验总体方案》、《湖南省节能减排综合性工作实施方案》等，部门政策很多情况下分别考虑节能和污染物，也就是说节能政策只考虑节能，污染物减排政策只考虑污染物。换句话说，部门法规除了间接实现局地污染物减排和温室气体减排以外，较少主动考虑两者的协同问题。比如，除了节约用电等相关规定产生间接的局地污染物和温室气体协同减排效果以外，目前很难在部门法规层面找到两者直接统筹的政策。

**表 3-1　中国总量减排政策与温室气体控制协同效应政策矩阵**

<table>
<tr><th></th><th>总量减排政策</th><th>温室气体控制政策</th><th>协同度</th></tr>
<tr><td rowspan="2">国家法律、法规和政策</td><td colspan="2">《21 世纪议程》、《清洁生产促进法》、《循环经济促进法》、《关于加快推进产能过剩行业结构调整的通知》、《关于加快发展服务业的若干意见》、《节能减排综合性工作方案》、《节能减排统计监测及考核实施方案和办法》、《关于加快关停小火电机组的若干意见》和《关于抑制部分行业产能过剩和重复建设引导产业健康发展若干意见》等</td><td rowspan="2">较高</td></tr>
<tr><td>《环境保护法》、《大气污染防治法》等</td><td>《节约能源法》、《可再生能源法》等</td></tr>
<tr><td>部门法规</td><td>《环境保护设施运营管理条例》、《排污许可证管理条例》等</td><td>《金太阳示范工程财政资金管理办法》、《建筑节能管理条例》、《节约用电管理办法》、《节约石油管理办法》等</td><td>较低</td></tr>
<tr><td rowspan="2">地方政策</td><td colspan="2">《长株潭城市群资源节约型和环境友好型社会减少综合配套改革试验总体方案》、《湖南省节能减排综合性工作实施方案》等</td><td rowspan="2">一般</td></tr>
<tr><td>《湖南省主要污染物排污权有偿使用和交易管理暂行办法》、河北省及山西省《减少污染物排放条例》、江苏省《关于实施蓝天工程改善大气环境的意见》、贵州省《主要污染物总量减排攻坚工作行政问责办法》等</td><td>《四川省经济委员会关于印发加强节能监察工作意见的通知》、《湖南省“十一五”节能工作实施方案》、《湖南省公共建筑节能设计标准》、《湖南省节能技术改造财政奖励资金管理暂行办法》等</td></tr>
</table>

# 4 传统大气污染物总量控制与温室气体减排的协同效应型技术评价

实现传统大气污染物总量控制与温室气体减排的协同效应，技术至关重要。本章将对钢铁、电力、水泥等重点行业的协同效应型技术开展评价，重点放在中国已运用的协同效应型技术上。

## 4.1 钢铁行业主要的协同效应技术

### 4.1.1 干熄焦（CDQ：Coke Dry Quenching）技术

CDQ 是将焦炉内产出的赤热红焦在冷却炉内经惰性气体冷却，回收过去作为水蒸气散发掉的赤热红焦显热，并用于发电的技术。具体原理为：焦炉产出的赤热红焦（约 1000℃）在冷却炉内与循环惰性气体进行热交换冷却至 200℃以下，同时与赤热红焦进行热交换成为高温循环气体（约 800℃）传入排热锅炉内，气体显热转变为水蒸气，在排热锅炉出口变为低温循环气后作为冷却气再次被送往冷却室内循环利用。产生的水蒸气用于发电[①]。

CDQ 技术的协同效应一般为：① 由于有效利用湿法熄焦排放出去的热能（产生蒸汽、发电），因此降低化石燃料的使用量，削减 $SO_2$ 和 $CO_2$ 排放量；② 由于在密封的冷却室进行处理，从而消除了含煤尘的排气。据某制造厂的资料显示，干熄焦技术具体有如下协同效应：一是节能，利用 100t/h 规模的 CDQ 所产生的蒸汽（过去湿法熄焦所散发到大气中的热能）可发电约 18MW；二是改善环境；由于 CDQ 是在封闭的系统内进行焦炭的冷却，不存在含粉尘的白烟飘散的现象，可改善作业环境；三是防止地球温室效应气体，CDQ 发电与燃油锅炉发电不同，可抑制温室气体（$CO_2$）产生。燃油锅炉发电 18MWh 约排放 18t/h 的 $CO_2$，CDQ

① Steel Plantech 株式会社。

设备则可减少这些 $CO_2$ 排放；四是改善焦炭品质，由于 CDQ 是赤热红焦在冷却炉内通过气体缓慢冷却，焦炭强度（DI，CSR）约提高 2%。这是因为 CDQ 没有湿法熄焦时所产生的焦炭表面气孔以及内部龟裂，并且冷却炉内可去除焦炭较脆的部分；五是提高生产性，CDQ 焦炭不含水分，因此不需要蒸发用热量，可提高高炉作业的燃料比。因为炉顶温度较高，炉顶压发电量也有所增加①。1986 年宝钢从日本新日铁公司最早引进 CDQ 技术，1997—2000 年北京首钢建立示范项目，到 2008 年年底，大中型钢铁企业共计投产 66 套，干熄焦炭产量为 5936 万 t，占全国焦炭总产量的 18.3%。

### 4.1.2 高炉炉顶压发电技术（TRT：Top Pressure Recovery Turbine）

高炉炉顶压发电技术是指利用高炉产生的高炉气体驱动透平进行发电的技术。高炉气体用于发电后，再作为钢铁工艺燃料使用。其原理为：高炉气体在高炉炉顶其压力为 0.2～0.236MPa（2～2.41 $kg/cm^2$），温度约为 200℃，利用这些热与压力使透平旋转发电。本技术由除尘器、透平和发电机构成，发电方式根据高炉气体的清洗法不同又分为湿法和干法两种。湿法由文丘里管洗涤器除尘，干法由干法除尘器除尘。因干法除尘处理比湿法处理的气体温度降低量要少，所以发电量也比湿法要大，最高可达 1.6 倍左右。此外，将过去经减压阀减压废弃的高炉气体的能量作为电力进行回收，可实现大幅节能。

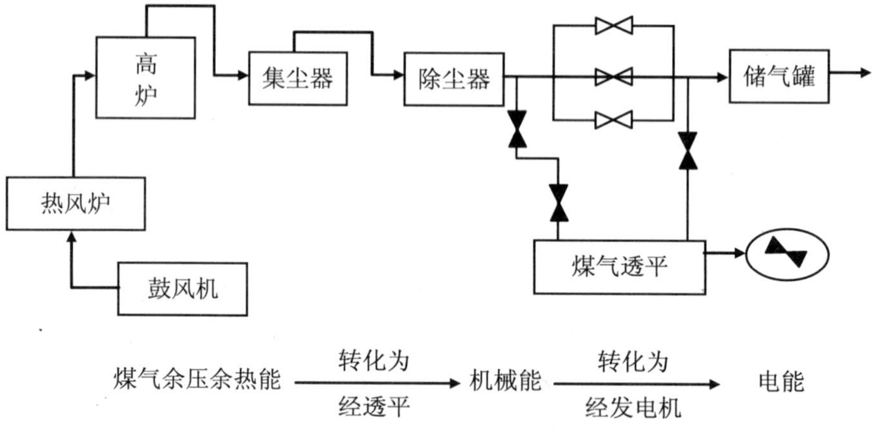


**图 4-1 TRT 技术流程图**

（来源：《能效及可再生能源项目融资指导手册》）

① 新日铁工程技术株式会社。

本技术的协同效应为：一是无需一切发电所需燃料且不产生 $CO_2$ 等温室效应气体；二是与传统的隔膜阀（减压阀）相比，噪声小；三是运行及保养无需高技术可由高炉的操作员、保养员进行操作；四是其运行所需水与氮气较少，因此利用高炉现有设备即可充分提供①。高炉炉顶压发电设备是炼铁厂性能卓越的节能设备，应用于世界主要炼铁厂。1994—1998 年，攀枝花钢铁集团从日本川崎制铁最早引进 TRT 示范项目。到 2008 年年底，中国重点大中型钢铁企业 158 座 1 000$m^3$ 以上高炉中，91 座高炉配有干式 TRT，配置率为 58%。

### 4.1.3 煤炭湿度调节技术（CMC：Coal Moisture Control）

煤炭湿度调节技术是指利用焦炉的高温燃气事前干燥投入焦炉的原料煤，实现焦炉节能的技术。具体为将通常含水率 10%左右的煤料在装炉前干燥至含水率为 6%左右，而作为干燥煤料时所需能量，CMC 充分利用了原来排放到大气中的焦炉燃烧排气的热能，不需要新投入热源，这样，焦炉的能耗所削减的部分就成为引进 CMC 后的节能效果。同样，通过降低热源消耗，在削减 $SO_2$ 排放量的同时通过回收燃烧排气削减煤尘排放量。

据某制造厂的资料显示，引进流化床 CMC 设备利润每年可达 2 000 万元以上（按处理能力 180t/h，干燥 4%水分时计算）。具有以下优点：一是提高 10%生产能力。通过煤炭密度的提高，可使焦炉的产量大幅度增加；二是节能 10%。通过削减煤炭水分，也可削减所需要的干馏热量；三是提高焦炭强度。通过提高煤炭密度，可使煤炭的凝结力提高，从而焦炭强度也大幅提高；四是稳定性。通过控制煤炭含水量，能使焦炭品质达到稳定②。重钢在 1993 年就开始引进 CMC 示范项目，2008 年，马鞍山钢铁股份公司也实施了流化床 CMC 示范项目。

### 4.1.4 新一代创新型焦炭制造技术（SCOPE21）

新一代创新型焦炭制造技术（SCOPE21）是针对传统的炉内温度 1 200℃焦炉，预先将煤料快速加热（低温干馏）至 350℃，再传入 850℃焦炉，该工艺可实现 20%的节能效果。SCOPE21 工艺按照现行方法的焦炭制造工艺流程大致可分为，煤料快速加热、高速干馏及中低温焦炭改质 3 道工序。

本技术的协同效应为：一是节能，焦炭年产量为 100 万 t 规模的设备，引进该技术所产生的节能效果与传统焦炉相比，按原油换算，每台每年可削减 100 万 kL、

---

① 川崎重工业株式会社。

② 北京中日联节能环保工程技术有限公司。

每年可降低 $CO_2$ 排放量约 40 万 t；二是有效利用煤炭资源，非弱黏结性煤的使用率由以前的 20%扩大至 50%，使煤炭资源能够充分有效利用；三是改善环境。干馏炉产生的 $NO_x$ 排放量削减 30%，能够有效防止飞尘、冒烟等环境污染；四是提高生产效率，通过预先处理工程使焦炭生产时间大幅缩短，生产效率提高 2.4 倍。

### 4.1.5 排热回收技术

（1）热风炉余热回收技术

热风炉余热回收技术是回收热风炉燃烧排气中的显热，用其热对热风炉的燃料气和助燃气进行预热的技术。本技术由受理热风炉排放出的排气的受热方换热器，和用在受热方换热器受理的排气显热来预热助燃气和燃料的加热方换热器构成。热交换方式根据换热器形式分为旋转式、板式和热管式。热风炉排气显热回收率为 40%～50%。通过预热可实现削减热风炉燃料气的使用量和因热风炉炉内温度及送风温度的上升降低高炉焦比，从而削减 $CO_2$ 排放量。同样，也能削减煤尘、$SO_x$、$NO_x$ 等的大气污染物排放量。1998—2001 年，新日铁公司受 NEDO 的委托在河北省邯郸钢铁集团有限责任公司实施热风炉余热回收示范项目。

（2）转炉气排热回收技术

本技术是回收利用转炉产生的高温排气（一氧化碳气体）的技术。高温气体进行排热回收使其产生蒸汽，排热回收方式有燃烧式（锅炉方式）和非燃烧方式（密封型 OG 方式）。OG 方式可以回收转炉气体中潜热和显热的约 70%，被回收的转炉气体同其他副生气体（焦炉煤气、高炉煤气）相混合后，在炼铁厂的加热设备中再使用，蒸汽主要使用于炼钢厂内的脱煤气设备。削减锅炉燃料的使用量能削减 $CO_2$ 排放量。同样也能削减煤尘、$SO_x$、$NO_x$ 等大气污染物排放量。转炉规模 185t/heat 可每年减少 $CO_2$ 排放量 2.6 万 t。1998—2001 年，新日铁公司受 NEDO 的委托在安徽省马鞍山钢铁股份有限公司实施转炉余热回收示范项目。

（3）烧结机冷却器排热回收技术

烧结机冷却器排热回收技术是回收冷却高温制品烧结矿时所排放的空气显热，将该显热作为蒸汽回收的技术。该技术通过降低化石燃料使用量，能削减 $CO_2$ 排放量。同样也能削减煤尘、$SO_x$、$NO_x$ 等大气污染物排放量。1995—1997 年，住友金属工业受 NEDO 的委托在太原钢铁集团公司实施烧结机冷却器余热回收示范项目。

（4）钢材加热炉排热回收技术

钢材加热炉排热回收技术是通过用从钢材加热炉排气回收的热对助燃气进行

预热，削减同炉的使用燃料的技术。另外，用回收的热同蒸汽进行热交换，产生的蒸汽作为高压蒸汽和低压蒸汽在炼铁厂内进行利用。通过降低钢材加热炉的化石燃料使用量能削减 $CO_2$ 排放量。同样也能削减煤尘、$SO_x$、$NO_x$ 等大气污染物排放量。1997—2000 年，神户制钢受 NEDO 的委托在泰国实施钢材加热炉余热回收示范项目。

### 4.1.6 二甲醚（DME）制造技术

DME（Di-Methyl Ether）制造技术是燃烧时不排放有害气体和颗粒状物等的清洁能源技术。因无毒性、易液化、操作性好，利用中以民用燃料（替代 LPG）为代表，可以作为运输燃料（柴油汽车、燃料电池汽车）、发电燃料（火力发电、热电联产发电、燃料电池）以及作为化学燃料使用。制造方法有直接合成法和甲醇脱水法（间接合成法）。以未利用的焦炉煤气（COG）作为原料根据直接合成法制造二甲醚（DME），可削减二氧化碳排放。此外，二甲醚排气中不含有 $SO_x$、PM，也可用制造 DME 过程中产生的剩余气体发电。

### 4.1.7 转底式还原炉技术（RHF：Rotary Hearth Furnace）

RHF 技术是指在炼铁过程中产生的含氧化铁和锌等的铁屑副产品在环形转炉底部进行高温加热生产还原铁（DRI），同时分离回收锌等金属的技术。本技术协同效应明显：一是有效利用从铁屑尘泥回收的还原铁，能削减高炉煤耗量，从而削减 $CO_2$ 排放量；二是通过降低煤耗量能削减煤尘、$SO_2$ 排放量；三是通过有效利用还原铁和回收锌，节约资源使用量的同时能实现零排放。2007 年，马鞍山钢铁集团从新日铁工程技术株式会社引进该技术。

## 4.2 电力行业主要的协同效应技术

### 4.2.1 高效发电技术

（1）增压流化床燃烧发电技术（PFBC：Pressurized Fluidized Bed Combustion）

增压流化床燃烧发电技术是指煤在流化床锅炉燃烧产生的蒸汽驱动轮机和用燃气驱动燃气轮机一体化的复合发电技术。在流化床锅炉内因使用具有脱硫功能的微粒石灰石，煤炭燃烧时产生的 $SO_x$ 在炉内脱硫，因此不需要锅炉底部的烟气脱硫设备。并且，低温（850℃）燃烧使 $NO_x$ 的产生减少，经陶瓷过滤器（CTF）

降低粉尘并能削减 $CO_2$ 排放量[①]。热效率从通常 38%（微粉煤火力）提高至 42%时可削减 $CO_2$ 排放量 10.5%。同样，也能削减煤尘、$SO_x$、$NO_x$ 等大气污染物排放量 10.5%。

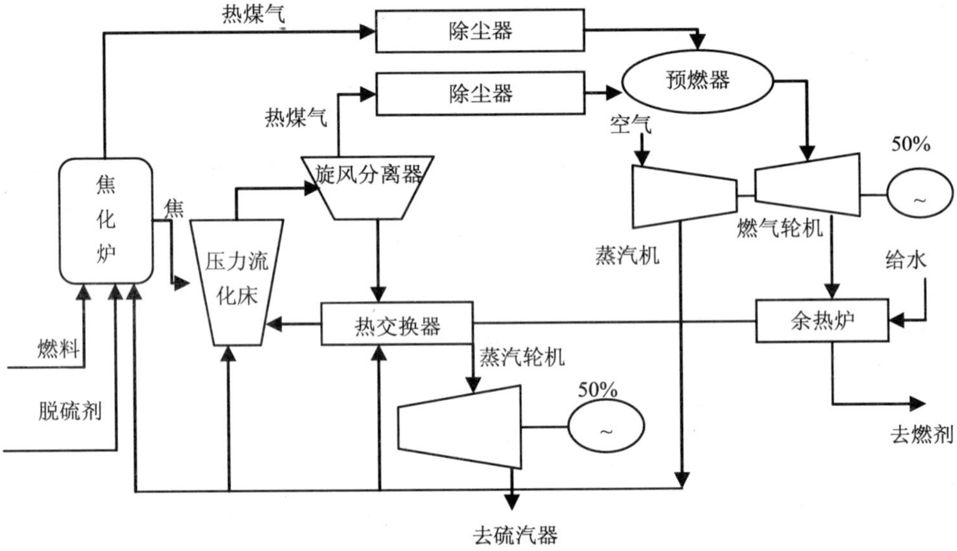


**图 4-2 增压流化床燃烧技术（PFBC）**

（来源：http://www.hainan.gov.cn/data/news/2008/09/58273/，循环流化床锅炉咨询网 http://www.cfbzx.cn）

（2）循环型常压流化床锅炉（CFBC）技术

循环型常压流化床锅炉技术是高效燃煤锅炉技术，炉膛气流速度为 4～8m/s，排气中颗粒直径大的流体和残渣在高温旋风分离器被捕捉返回炉膛继续参与燃烧。通过该循环可以维持床高和提高脱硝率。此外，为了提高热效率，在热回收部安装了流动用空气和燃气的预热器和锅炉的供水加热器。该技术的协同效应为：一是由于热效高能降低燃料使用量，削减 $CO_2$ 排放量；二是低公害性，可大幅减少 $NO_x$、$SO_x$ 之类环境污染物排放量；三是高燃烧率，通过提高燃烧时间从而达到了高燃烧率；四是因生产过程中不需要独立的脱硫、脱硝，燃料粉碎设备具有

① 电力工学网站。

节省空间、高保养性的特点。1988年，由济南锅炉厂研制成功的首台国产35t/h CFB电站锅炉在山东明水热电厂投产，此后各电厂更大型的CFB相继投入运行。2003年，四川白马发电厂从法国Alstom公司引进当时全球最大级300MWCFB，该技术分别转让给上海锅炉、哈尔滨锅炉和东方锅炉。2008年，由东方锅炉通过技术吸收和研发制造的国产首台300MW级设备在广东荷树园发电厂投入运行。目前600MWCFB已在四川白马电厂建设，2011年末开始运行。至2010年，全国引进17台300MW，国产19台300MW。

（3）超（超）临界发电技术（SC：Super Critical和USC：Ultra Super Critical）

超临界发电技术是指从锅炉送往蒸汽轮机的蒸汽，在超过水的临界压（374℃、22.12MPa）的高温高压条件下，削减使水气化所需热能的技术[①]。超临界压高效发电设备可实现40%以上的高效发电。同传统的亚临界压发电相比，能削减二氧化碳排放量约5%。中国1992年从瑞士Sulzer公司引进600MW级超临界发电机组在上海石洞口发电厂运行。1996年，日本巴布科克日立公司（BHK）、伊藤忠商事会社（ITC）和东方锅炉成立了东方日立锅炉有限公司（BHDB）。2004年，东方锅炉和哈尔滨锅炉通过技术引进和国内制造相结合，国内首台超临界发电机组（600MW）在华能沁北电厂投运。截至2008年，全世界运行的357套SC发电机组中，中国占35%。

超超临界压是指温度593℃、压力24.1MPa以上的蒸汽条件。燃煤火力发电时，煤炭燃烧使锅炉产生蒸汽的温度和压力越高则发电效率越高。但是，长时间在高温高压状况下使用会导致零件强度降低。因此，确立了耐600℃的高温、25MPa级（大气压的约250倍）高压的超超临界压发电技术。同传统的亚临界压发电技术相比，能削减二氧化碳排放量7%。现在，日本在进一步推进高温高压化700℃级先进超超临界压发电（A-USC）技术开发[②]。

（4）燃气-蒸汽联合循环发电技术（CCPP：Combined Cycle Power Plant）

燃气-蒸汽联合循环发电技术是指将燃气轮机和蒸汽轮机组合起来的发电技术。燃气轮机发电后，利用其排热所产生的蒸汽来驱动蒸汽轮机再次发电。组合两种轮机后，发电热效率可达50%以上。此外，由于高效性节省了燃料从而减少了$CO_2$、$SO_2$和$NO_x$的排放量[③]。

根据入口温度分为CC发电（约1 100℃）、ACC发电（约1 300℃）和MACC发电（约1 500℃）。引进ACC发电（富津3号系列实绩）和MACC发电（川崎1

---

① Weblio字典。

② 日立制作所。

③ 三菱重工成套设备建设株式会社（MHI Plant Construction Co., Ltd.）。

号系列实绩）其发电热效率由以往的 43%（HHV、CC）提高到 50%～53%（HHV、ACC～MACC），能削减 $CO_2$ 排放量 30%～39%。同样，也能削减 $NO_x$ 等大气污染物 30%～39%。

（5）整体煤气化联合循环发电（IGCC：Integrated Gasification Combined Cycle）

IGCC 技术是将煤炭气化生成的高温燃气作为燃气轮机燃料进行发电的同时，用回收煤气化炉产生的蒸汽和燃气轮机的排热产生的蒸汽通过蒸汽轮机进行发电的高效复合发电技术。IGCC 技术的主要优势或协同效应为：一是提高发电效率，通过将固体的煤炭气化，在蒸汽轮机上组装燃气轮机以实现发电，热效率从通常的 38%（微粉煤火力）提高至 46%，可削减 $CO_2$ 排放量约 21%，是更先进的高效化发电系统（送电端效率 46%～48%）。由此能够在与石油火力发电 $CO_2$ 排放量几乎同等的条件下利用燃煤发电；二是扩大适用煤种，而且能够使用以往燃煤火力难以利用的灰融点较低的煤炭，因此能够扩大到所有的煤种；三是环境保护，通过系统的高效率化，可降低单位发电量（kWh）的 $SO_x$、$NO_x$、煤尘等的排放量。与传统的燃煤火力发电相比，因煤灰作为熔渣被排放使得容积减半。并且，熔渣可作为水泥的原材料或路基材料等进行再利用；四是降低用水量，由于传统的燃煤火力烟气脱硫装置是在燃料燃烧后的排气阶段进行煤尘处理，因而需要大量用水，但 IGCC 是在燃料气体阶段进行处理，所以可以大幅度降低用水量①。

（6）运用管理技术提高发电效率

以提高现有的燃煤火力发电站的效率为目的，通过正确的高水平热诊断方法、设施改良技术和运用，保养管理技术等方法提高发电效率。伴随热效率的提高可降低大气污染物（$SO_x$、$NO_x$、煤尘等）以及废弃物（燃灰等）。由于提高送电端效率，燃料使用量降低可削减 $CO_2$ 排放量。以中国燃煤火力发电站为例，发电效率从现状的 34.6%（中国平均值）提高至 41.1%，能削减 $CO_2$ 排放量 18.8%。

### 4.2.2 燃料转换技术

燃料转换技术是指在采用降低大气污染或温室气体排放的措施时改用污染物或温室气体产生较少的燃料的技术。针对 $SO_2$ 的大气污染，改用低硫黄重油、液化石油气（LPG）等，气候变暖措施一般指煤炭、石油改为天然气和可再生能源②。例如天然气的主要成分为甲烷（$CH_4$），与石油和煤炭相比分子中的碳原子（C）比例小，是燃烧时 $CO_2$ 排放量最少的化石燃料。此外，不仅 $CO_2$ 排放量少，几乎

① 洁净煤发电研究所网站。

② EIC 网站。

没有氮成分的天然气其氮氧化物的排放量也比其他燃料少，还有液化时因除去硫分和杂质，所以也几乎没有硫氧化物排放。

### 4.2.3 可再生能源技术

可再生能源技术是指采用非化石等一次能源燃料发电的技术，例如风电、水电、太阳能发电等。可再生能源发电由于不使用化石能源发电，因此大大减少了温室气体和二氧化硫、氮氧化物等大气污染物的排放，具有显著协同效应。由于本报告重点关注工业过程技术，因此对此发电技术不做过多阐述。

## 4.3 水泥行业主要的协同效应技术

### 4.3.1 余热回收利用发电技术

余热回收利用发电技术主要是回收 SP/NSP 向大气排放出的排热（低中温：350～380℃），用回收的热烧沸锅炉，产生的蒸汽驱动轮机进行发电的系统。本技术适用以 4 级式旋风分离器 SP/NSP 水泥成套设备为主体。水泥成套设备的排热回收是将 SP/NSP 向大气排放出的排热回收（排热温度：350～380℃）和将熟料冷却器的排热回收（排热温度：200～250℃）。基本设备构成有排热回收锅炉、蒸汽轮机、发电机构成，利用 3 000t/d 水泥成套设备的排热时发电能力约为 6 500kW。削减锅炉燃料的使用量能削减 $CO_2$ 排放量。同样也能削减煤尘、$NO_x$ 等大气污染物排放量。1995—1997 年，川崎重工受 NEDO 的委托在宁国水泥厂实施了水泥余热发电设备示范项目。2002 年，在广西鱼峰集团水泥有限公司实施了水泥余热有效利用示范项目，该项目规模 3 200t/d，实际发电能力为 5 915kW，每年可削减 $CO_2$ 排放量 3.3 万 t。到 2008 年年底水泥工业已有生产线 263 条，累计建成纯低温余热电站 200 座，总装机容量 1 510MW，年发电能力约 110 亿 kWh，相当于年节能 390 万 t 标煤。

### 4.3.2 悬浮预热器方式（SP）技术

SP 技术是代替原来的湿法烧成及干法长炉窑方式的技术。SP 方式利用窑炉排气干燥及预热原料提高烧成效率。通过更换能效好的 SP、NSP 窑炉，可实现降低伴随燃烧排放出的 $CO_2$、$SO_2$ 和 $NO_x$ 产生量。SP 方式是将在窑炉烧成水泥原料后的高温热风（排气）用于原料的干燥及窑炉烧成前的预热，削减了烧成过程中的耗能量，从而可降低 $CO_2$ 排放量，同时削减煤尘、$SO_2$ 排放量。1997 年该生产方式的转换在日本已经100%实施完毕。

### 4.3.3 NSP技术

NSP方式水泥烧成技术是日本独自开发的技术。NSP方式通过被称为煅烧炉的装置进行90%以上的原料烧成，剩下的烧成由以往的窑炉进行。煅烧炉有配备燃烧器的直接烧成法和以加热流动床烧成原料的间接烧成2种方法。采用该技术将能提高现有的SP窑炉的1.5～2.0倍生产力，此外，也能削减水泥生产过程中的烧成能耗[①]。其协同效应为：一是通过提高燃烧效率，削减$CO_2$排放量；二是降低化石燃料消耗量的同时能抑制$NO_x$的产生量。$SO_x$被窑炉内产生的CaO吸收几乎不向外部排放。

### 4.3.4 流化床水泥烧成炉窑系统技术

流化床水泥烧成炉窑系统是通过利用流化床流程特有的燃烧性能、热传递性能、粒子扩散及造粒特性，高效燃烧低品位碳，减少$NO_x$排放，并能从生产流程排放出去的物质及排气中高效回收热能。同传统的回转炉窑方式相比，能降低能源消耗10%～25%。2005—2007年山东省淄博市宝山生态建材有限公司与日本合作实施了规模1000t/d的流动床水泥烧成炉窑系统项目。

## 4.4 其他行业主要的协同效应技术

### 4.4.1 热电联产技术

热电联产系统是指利用城市煤气等燃料驱动燃气发动机、柴油发动机，在发电的同时利用这些机器的排热进行供热（蒸汽、温水）的技术。主要由原动机、发电机和排热回收设备、排热利用机器构成。即使在大容量的高效发电厂其热效率充其量也只有42%左右，如果回收利用排热的话，即使是小规模的系统其综合效率在理论上也可达到80%[②]。

---

① 《超长期能源技术路线图报告书》，能源综合工学研究所。

② 《平成16年度促进节能技术项目的调查报告书》，财团法人节能中心技术部。

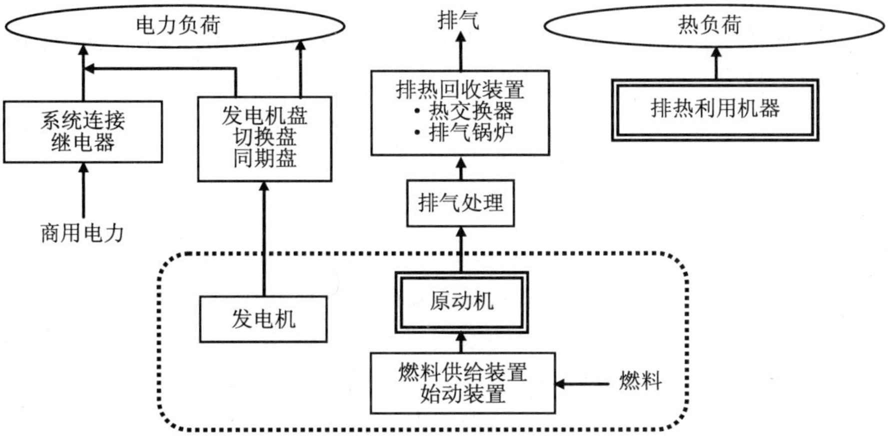


**图 4-3 热电联产技术**

（来源：《地球温暖化对策技术转移手册》，2008 年修订版）

### 4.4.2 高速切换式蓄热型燃烧技术

高速切换式蓄热型燃烧装置是指蓄热体内装有作为 1 套的 2 台燃烧器，一侧燃烧器（A）燃烧时，其燃烧排气则被另一侧燃烧器（B）取得，在蓄热部经热交换向外部排出，20～60s 后与燃烧排气进行热交换的充分蓄热的蓄热部燃烧器 B 启动后开始燃烧。A、B 交互反复进行这一动作，可以实现排热回收率 50%～90%。

同传统燃烧方式相比，高速切换式蓄热型燃烧技术可实现 30%以上节能率、$CO_2$ 减排 30%以上及 $NO_x$ 减排 50%以上①。

## 4.5 协同效应技术评价小结

通过以上对钢铁、电力、水泥等重点行业主要协同效应技术的评价，可得出如下几个结论：

第一，从目前来看，各行业协同效应型技术并不多。例如，钢铁行业主要是干熄焦技术、高炉炉顶压发电设备等几种；电力行业主要是高效发电技术、燃料转化技术和可再生能源技术几种；水泥行业也主要是余热利用发电、悬浮预热器等几种技术。

第二，各行业协同效应型技术主要是节约能源和提高能源效率型的技术，或

① 《平成 20 年度 NEDO 技术开发机构对节能的支援政策》（NEDO）。

者说通过减少化石能源消耗，实现减少二氧化硫、氮氧化物等大气污染物及二氧化碳等温室气体的排放。越是清洁生产技术和前端预防技术，协同效应潜力越大；越是末端治理技术，协同效应潜力越小，或为负协同效应。

第三，国际上正在大力推动能够产生大气污染物减排和温室气体减排的协同效应型技术扩散，例如日本、欧盟等国。

第四，中国正在大力推动能够产生大气污染物减排和温室气体减排协同效应的相关技术。或者反过来讲，很多协同效应型技术的推广与国家产业政策推广普及密切相关。例如：国家发展和改革委员会在其发布的《中国节能技术政策大纲》中明确提出大力推动高炉炉顶压发电设备（TRT）技术应用项目，将 TRT 指定为“十五”期间冶金行业重点推进的项目之一。国家工业和信息化部提出 2014 年 1 000$m^3$ 以上的高炉干式 TRT 装置的设置率达到 100%。另外，为推广应用干熄焦（CDQ）技术，国家出台了一系列措施。2005 年“焦化行业准入条件”规定新建或改扩建焦炉时原则上要同步配套建设 CDQ 装置。《产业结构调整指导目录》鼓励类技术目录中也有 CDQ，该类项目被列入国家财政补贴项目。

第五，由于引进各项技术所达到的协同效应效果（温室气体减排、环境污染物减排等）的程度，因设备的规模、运行的稳定性等的差异而有所变动，因此即使采用相同的技术，由于使用环境等不同其效果也可能会稍有不同。

# 5 协同效应评价方法

本研究专门开发了“拉网式”和“分类式”污染减排的协同效应定量化评价方法。这是一种自下而上的评价方法。“拉网式”是指对一定时期内所有污染物减排措施开展定量评价，“分类式”是指在“拉网式”基础上，按污染物减排措施的相似性进行分类评价。

## 5.1 目的

开发“拉网式”和“分类式”污染减排的协同效应定量化评价方法基本目的是：定量化评价一定时期内一定区域范围实施污染物减排的措施同时对减缓温室气体排放产生的影响和作用。开展“拉网式”和“分类式”污染减排的协同效应定量化评价，既保证了评价结果的全面性，又可以提高评价速度。

## 5.2 思路

“拉网式”和“分类式”污染减排的协同效应定量化评价方法的基本思路是：首先明确给定区域污染减排的对象主体和具体措施，然后，将污染物减排措施按污染物减排的“工程减排”、“结构减排”和“管理减排”三大类进行分类，依据中国《主要污染物总量减排核算细则》（以下简称“细则”）对二氧化硫和 COD 的核算方法，对每一项污染物减排措施通过二氧化硫和 COD 的减排量来定量计算其相应温室气体的减排量。根据污染减排项目种类和不同脱硫工艺，采用不同类别的协同效应评价方法，但是对于同类或类似的项目，则尽量归类采用相同或类似的计算方法，以减少方法上的差异而有利于在不同地区应用。本项目第一阶段开发的评价方法仅涉及通过大气污染治理中二氧化硫削减来计算相应二氧化碳的削减量，不涉及 COD 减排措施，也不涉及甲烷等其他温室气体。

用“协同效应系数”表示一定区域实施污染物减排措施时，减排单位局地污染物的同时减少的温室气体减排量。“协同效应系数”的具体计算是对于给定的污染物减排措施，用温室气体减排量除以局地污染物的比值。即：

$$协同效应系数=\frac{GHG减排量}{局地污染物减排量}$$

较大的协同效应系数意味着减排单位局地污染物的同时产生的温室气体减排量较大，也就说明该区域实施的污染物减排措施协同效应较好。从协同效应的角度出发，协同效应系数可以是衡量某项污染物减排措施或技术优劣的一项指标。协同效应系数可以比较同一区域不同污染物减排措施的协同效果，例如某一区域结构调整措施和工程减排措施的协同效应，也可比较不同区域同一污染物减排措施的协同效果，例如攀枝花市和湘潭市在结构减排方面的比较。

## 5.3 计算方法

根据《主要污染物总量减排核算细则（试行)》，核算期二氧化硫排放量等于上年二氧化硫排放量与核算期新增二氧化硫排放量再减去核算期新增二氧化硫削减量。核算公式为：

$$E=E_0+E_1-R$$

式中：$E$——核算期 $SO_2$ 排放量，万 t；

$E_0$——上年（半年）$SO_2$ 排放量，万 t；

$E_1$——核算期新增 $SO_2$ 排放量，万 t，包括脱硫设施不正常运行的新增排放量，万 t；

$R$——核算期新增 $SO_2$ 削减量，万 t。

由于污染减排措施只涉及上式中新增 $SO_2$ 削减量，所以本项目方法论只考虑新增二氧化硫削减量，即只考虑 $R$ 值，以及与此对应的 $CO_2$ 减排协同效应。新增 $SO_2$ 削减量其核算公式为：

$$R=R_{工程}+R_{管理}+R_{结构}$$

式中：$R_{工程}$——新增工程削减量，万 t；

$R_{结构}$——新增结构调整削减量，万 t；

$R_{管理}$——新增监督管理削减量，万 t。

具体而言，二氧化硫总减排量等于工程措施减排量加上管理措施减排量，再加上结构措施减排量，基于同样思路，协同效应二氧化碳总减排量等于工程措施减排量加上管理措施减排量，再加上结构措施减排量。

### 5.3.1 工程减排

根据《主要污染物总量减排核算细则》，工程减排措施的减排量应该是现役燃煤机组脱硫工程新增削减量与黑色冶炼行业烧结机等烟气脱硫工程新增削减量、工业燃煤锅（窑）炉烟气脱硫工程新增削减量、有色金属行业各种冶炼炉烟气脱硫（回收）工程新增削减量、炼焦行业焦炉煤气、天然气、煤层气、沼气、煤气和高炉煤气等清洁燃料部分或全部替代原有燃煤（油）设施而新增的削减量、石化行业脱硫及硫黄回收工程新增削减量、其他脱硫工程（如玻璃、硫酸生产、石灰等窑炉）新增削减量之和。用公式可以表示为：

$$R_{工程}=R_{工电}+R_{工钢}+R_{工锅}+R_{工色}+R_{工焦}+R_{工改}+R_{工化}+R_{工其他}$$

再以现役燃煤机组脱硫工程新增削减量为例说明，现役燃煤机组脱硫工程新增削减量等于核算期新投运现役机组脱硫设施新增削减量与上年现役机组脱硫设施投运而在核算期满负荷运行情况新增削减量、脱硫设施已运行满一年的机组而在核算期发电量稳定增加而形成的新增削减量、已运行满一年的脱硫设施改造扩容或提高效率在核算期形成的新增削减量以及现役机组气体燃料替代煤炭在核算期新增削减量之和。用公式可以表示为：

$$R_{工电}=R_{电新}+R_{电转}+R_{电增}+R_{电改}+R_{电替}$$

那么，核算期新投运现役机组脱硫设施新增削减量 $R_{电新}$ 为：

$$R_{电新}=\sum_{i=1}^{n} M_i \times S_i \times \eta_i \times 1.6 \times 10^{-2}$$

式中：$M_i$ ——核算期新投运第 $i$ 个现役机组脱硫设施通过 168h 移交后第二个月算起的煤炭消耗量，万 t；煤炭消耗量优先采用现场核查实际数据，并使用分月发电量校验，如无法获得以上数据，则按脱硫设施投运月数比与机组在核算期煤炭消耗量进行折算；

$\eta_i$——综合脱硫效率，为核算期新投运第 $i$ 个现役机组脱硫设施综合脱硫效率，%；

$S_i$ ——煤炭平均硫分，为核算期新投运第 $i$ 个现役燃煤脱硫机组 2005 年环境统计数据库中煤炭平均硫分，%；

$n$ ——新增现役发电机组建成并投运脱硫设施个数；

1.6——根据环境保护部发布的《污染源普查工业污染源产排污系数手册》中煤炭硫分转化为 $SO_2$ 的系数，即 $SO_2$ 和 S 的质量比 64/32，再乘以煤炭中碳分转化为 $CO_2$ 的比例系数 0.8。

对于治理工程新增$SO_2$削减量，包括实施废能（余热和余压）回收、燃料转换、烟气治理工程等几种工程而减少的二氧化硫排放量。不同工程治理其计算方法各异。

（1）废能（余热和余压）回收

焦炉引进 CDQ 等设备所实现的$SO_2$减排量，视为与被替代的燃煤火力发电的$SO_2$年排放量相等的话，可按下列公式计算。

$$E(SO_2)=P\times EFSO_2$$

式中：$E(SO_2)$——被替代的燃煤火力发电的$SO_2$年排放量，t；

$P$——CDQ 设备年发电量，万 MWh：估计值；

$EFSO_2$——燃煤火力发电的$SO_2$排放系数，$tSO_2/MWh$：估计值。

$CO_2$减排量视为与被替代的燃煤火力发电的$CO_2$年排放量相等的话，可按下列公式计算。

$$E(CO_2)=P\times EFCO_2$$

式中：$E(CO_2)$——被替代的燃煤火力发电的$CO_2$排放量，t；

$P$——CDQ 设备年发电量，万 MWh：估计值；

$EFCO_2$——燃煤火力发电$CO_2$排放系数，$tCO_2/MWh$：估计值。

（2）燃料转换

发电机组燃料转换由煤改气所实现的$SO_2$减排量，视为与燃料转换前发电机组的$SO_2$排放量相等的话（因天然气中硫含量为 0，所以$SO_2$排放量也为 0），可按下列公式计算。

$$\begin{aligned}E(SO_2)&=M\times S\times 1.6\times 100\\&=M\times S\times(64/32\times 0.8)\times 100\end{aligned}$$

式中：$E(SO_2)$——燃料转换前发电机组的$SO_2$排放量，t；

$M$——年耗煤量，万 t；

$S$——燃煤中平均硫含量，%；

64/32——$SO_2$和 S 质量比；

0.8——煤炭中碳分转化为$CO_2$的比例系数[①]。

$CO_2$减排量作为燃煤发电机组$CO_2$排放量和天然气发电机组$CO_2$排放量的差额，按下列公式计算。

① 参见环境保护部发布的《污染源普查工业污染源产排污系数手册》。

$$R（CO_2）=M\times C_{煤}\times（44/12\times 0.8）-Q\times C_{气}\times（44/12\times 1.0）$$

或，因 $M=Q\times H\times 1.4\times 10^{-3}$，所以

$$R（CO_2）=M\times C_{煤}\times（44/12\times 0.8）-（M/H/1.4/10^{-3}）\times C_{气}\times（44/12\times 1.0）$$

式中：$R（CO_2）$——发电机组燃料转换所实现的 $CO_2$ 减排量，t；

$M$——年耗煤量，t；

$C_{煤}$——燃煤中平均碳含量，t 碳/t；

$Q$——年天然气耗气量，$m^3$；

$C_{气}$——天然气中平均碳含量，t 碳/$m^3$；

$H$——天然气热值，kg 煤/$m^3$。

（3）烟气脱硫

实施烟气脱硫工程所实现的 $SO_2$ 减排量 $R（SO_2）$，用实施脱硫工程前的 $SO_2$ 排放速度、实施脱硫工程后的 $SO_2$ 排放速度、焦炉生产时间，按下列公式计算。

$$R（SO_2）=（V_{上年}-V_{当年}）\times T\times 10^{-3}$$

式中：$V_{上年}$——实施脱硫工程前的 $SO_2$ 排放速度，kg/h；

$V_{当年}$——实施脱硫工程后的 $SO_2$ 排放速度，kg/h；

$T$——焦炉生产时间，h。

采用碳酸钙（$CaCO_3$）和氢氧化钙[$Ca(OH)_2$]作为添加剂，除去从燃煤火力发电机组（电力）和烧结机（钢铁）排烟中的 $SO_2$ 的烟气脱硫设备，有助于 $SO_2$ 减排，但无助于 $CO_2$ 减排。

$$CaCO_3+SO_2+1/2O_2+2H_2O \longrightarrow CaSO_4\cdot 2H_2O+CO_2$$

$$Ca(OH)_2+SO_2 \longrightarrow CaSO_3+H_2O$$

因 $CO_2$ 和 $SO_2$ 的质量比是 44∶64，所以每实现 1t$SO_2$ 减排量时，$CO_2$ 排放量为 0.6875（=44/64）t。$CO_2$ 排放量 $E（CO_2）$用实施烟气脱硫工程所实现的 $SO_2$ 减排量 $R（SO_2）$和 $CO_2$∶$SO_2$ 的质量比（44/64），按下列公式计算。

$$E（CO_2）=R（SO_2）\times（44/64）$$

不用碳酸钙（$CaCO_3$）而采用氨水（$NH_4OH$）作为脱硫剂的工程，认为不仅因溶解 $SO_2$ 可预测 $SO_2$ 减排量，因溶解 $CO_2$ 也能预测 $CO_2$ 减排量。

$SO_2$ 溶于 $NH_4OH$ 生成硫酸铵$(NH_4)_2SO_4$。化学方程式如下。

$$SO_2+1/2O_2+H_2O \longrightarrow H_2SO_4$$

$$H_2SO_4+2NH_4OH \longrightarrow (NH_4)_2SO_4+2H_2O$$

$CO_2$溶于 $NH_4OH$ 生成碳酸铵$(NH_4)_2CO_3$。化学方程式如下。

$$CO_2+H_2O \longrightarrow H_2CO_3$$

$$H_2CO_3+2NH_4OH \longrightarrow (NH_4)_2CO_3+2H_2O$$

另外，$SO_2$气体和 $CO_2$气体的水（20℃）溶性体积比为 39∶0.88，将其换算成重量比为 64×39∶44×0.88=2496∶39，所以采用氨水处理法每达成 1t$SO_2$减排量时，$CO_2$减排量为 0.0156（=39/2496）t$CO_2$。

$CO_2$减排量 $R$（$CO_2$）用实施烟气脱硫工程所实现的 $SO_2$减排量 $R$（$SO_2$）和 $CO_2$气体∶$SO_2$气体溶解性重量比（39/2496），按下列公式计算。

$$R(CO_2)=R(SO_2)\times(39/2496)$$

### 5.3.2 结构减排

同理，结构减排可以用关停小煤电机组新增削减量、小机组与大机组电量交易新增削减量、关停有烧结机的小钢铁新增削减量、同步关停涉水行业燃煤锅炉新增削减量以及关停其他落后产能（如有色冶炼、建材、炼油等）新增削减量之和。可以用以下公式表示：

$$R_{\text{结构}}=R_{\text{结电}}+R_{\text{交易}}+R_{\text{结钢}}+R_{\text{同关}}+R_{\text{结其他}}$$

同工程减排一样，不同的结构减排措施，计算方法也不同。

（1）燃料消耗法

以关停小火电机组为例，“细则”中单台小火电机组关停全年新增削减量（二氧化硫）核算公式：

$$R_{\text{结电}}=(G_{\text{上年}}-G_{\text{当年}})/G_{\text{上年}}\times E_{\text{上年}}$$

式中：$G_{\text{当年}}$、$G_{\text{上年}}$——分别为关停机组核算期当年和上年的燃料消耗量，万 t。

对于火力电厂，“细则”公式中当年机组二氧化硫排放量公式为：

$$E_{\text{当年}}=G_{\text{当年}}\times S\times 1.6$$

式中：$S$——当年的煤炭平均硫分；

1.6——根据环境保护部发布的《污染源普查工业污染源产排污系数手册》中煤炭硫分转化为 $SO_2$的系数，即 $SO_2$和 S 的质量比 64/32，再乘以煤炭中碳分转化为 $CO_2$的比例系数 0.8。

同理上年机组二氧化硫排放量公式可以采用：

$$E_{上年} = G_{上年} \times S \times 1.6$$

因此，当机组关停，$G_{当年}=0$，$R_{结电} = E_{上年} = G_{上年} \times S \times 1.6$

实施该结构调整措施达到二氧化碳减排效果的思路，如果视为二氧化碳减排量与关闭设备的二氧化碳年排放量相等的话，也就是说不论对于考虑二氧化硫还是二氧化碳，来源都是煤炭，而且煤炭含量相同。为此，可以采用上述公式，将煤中 S 的含量置换成 C 的含量，即“结构调整”措施二氧化碳减排效果的核算公式为：

$$E（CO_2）= M \times C \times（44/12 \times 0.8）\times 100$$

式中：$M$ ——机组关停前燃料煤消耗量；

$C$ ——煤炭平均碳分；

44/12——$CO_2$ 和 C 质量比；

0.8——煤炭中碳分转化为 $CO_2$ 的比例系数①。

（2）产品产量计算方法

另一类是钢铁厂（烧结炉）的结构调整措施，“细则”公式关停小钢铁二氧化硫全年新增减排量核算公式为：

$$R_{结钢} =（G_{上年} - G_{当年}）/ G_{上年} \times E_{上年}$$

式中：$E_{上年}$——上年同期关停小钢铁环境统计数据库的 $SO_2$ 排放量，万 t；

$G_{当年}$、$G_{上年}$——分别为当年和上年关停烧结机核算期的烧结料产量，万 t。

同样，当项目关停，$G_{当年}=0$ 时，$R_{结钢} = E_{上年}$

根据《环境统计基层报表填报指南》“细则”附表五——淘汰落后工业设施的 $SO_2$ 排放系数表，钢铁生产项目关停前统计数据二氧化硫排放量可以用污染物排放系数法计算，如下式：

$$E（SO_2）_{上年} = SO_2\text{-EF}（kgSO_2/t\ 烧结钢）\times P（t\ 烧结钢/a）\times 10^{-7}$$

式中：$E（SO_2）_{上年}$——关停的小钢铁（烧结炉）上年的二氧化硫排放量，万 t；

$SO_2$-EF——烧结炉的单位产品二氧化硫排放量，$kgSO_2$/t 烧结钢；

$P$——该烧结炉的烧结矿产量，t 烧结钢/a。

---

① 参见环境保护部发布的《污染源普查工业污染源产排污系数手册》。

将"烧结炉的单位产品二氧化硫排放量"转换为"烧结炉的单位产品二氧化碳排放量"，即二氧化碳减排量的核算方法参照二氧化硫的核算方法进行，只是计算所用排放系数不同，二氧化硫的减排量用二氧化硫排放系数，相应地，二氧化碳的减排量用二氧化碳排放系数，二氧化碳排放系数是根据相应的工艺和方法（主要是物料平衡法）。这里，视为二氧化碳减排量与关闭设备的二氧化碳年排放量相等的话，也就是说不论对于考虑二氧化硫还是二氧化碳，关闭前后单位产品产量排放的二氧化硫或二氧化碳都分别是相同的，而且产品产量相同。就可以得到计算关停烧结炉削减的二氧化碳排放量的计算方法和计算公式。即：

$$E（CO_2）_{上年}= CO_2\text{-EF}（kgCO_2/t\ 烧结钢）\times P（t\ 烧结钢/a）\times 10^{-7}$$

式中：$E（CO_2）_{上年}$——关停的小钢铁（烧结炉）上年的二氧化碳排放量，万 t；

$CO_2$-EF——烧结炉的单位产品二氧化碳排放量，$kgCO_2$/t 烧结钢；

*P*——该烧结炉的烧结钢产量，t 烧结钢/a。

### 5.3.3 管理减排

根据"细则"，管理新增二氧化硫削减量主要考虑循环流化床锅炉内脱硫设施在线监测确认的新增削减量、脱硫设施提高运行率新增削减量、进行清洁生产审核并实施其方案形成的新增削减量。

实施管理减排，生产效率提高，单位产品产量的物耗、能耗降低，单位产品的污染物排放量也降低，即单位产品的污染物排放系数下降，因此可以用管理减排前后污染物排放系数的差异计算减排量。例：

$$R（SO_2）= [SO_2\text{-EF}（减排前）- SO_2\text{-EF}（减排后）]\times P（t\ 产量/a）$$

式中：$R（SO_2）$——二氧化硫减排量，万 t；

$SO_2$-EF——锅炉内单位产品二氧化硫减排量；

*P*——锅炉内产品产量。

同样，使用二氧化碳排放系数代替上式中二氧化硫排放系数可以得到实施管理减排措施的二氧化碳减排量：

$$R（CO_2）= [CO_2\text{-EF}（减排前）- CO_2\text{-EF}（减排后）]\times P（t\ 产量/a）$$

式中：$R（CO_2）$——二氧化碳减排量，万 t；

$CO_2$-EF——锅炉内单位产品二氧化碳减排量；

*P*——锅炉内产品产量。

# 6 攀枝花市协同效应评估实例

## 6.1 攀枝花市基本情况

攀枝花市是四川省辖市，位于中国西南川滇交界部，金沙江与雅砻江汇合处。东北面与四川省凉山彝族自治州的会理、德昌、盐源3县接壤，西南面与云南省的宁蒗、华坪、永仁3县为界。成昆铁路和108国道公路纵贯全境，北距成都749km，南接昆明351km，是四川省通往华南、东南亚沿边、沿海口岸的最近点，为“南方丝绸之路”上重要的交通枢纽和商贸物资集散地。城区处于金沙江干热河谷。

攀枝花市是一座以钢铁工业为主的工业化资源型城市，也是中国西部最大的钢铁基地，目前已形成钢铁、能源、钒钛、电冶化工为支柱的四大产业，2008年，四大支柱产业工业总产值达632.65亿元，占全市规模以上工业总产值的89%。钒产业国内规模最大，拥有国际领先的钒产品生产技术，已经成为世界上最重要的钒产品生产基地之一。攀枝花市资源丰富，尤以矿产、水能资源高度富集、匹配天成而著称于世。

但是，与其他大多数资源型重工业城市类似，攀枝花过去走的是粗放型发展之路，受“先生产、后生活”、“先企业、后城市”的开发建设思路影响，环境基础设施建设先天不足，加之由于资源禀赋特点、粗放的开发方式以及产业结构单一，环境问题极其复杂，具有“高能耗”、“高污染”和“高排放”的特征。由于环保历史欠账较多、结构性污染严重、环境管理急需改善等原因导致的环境问题，已成为阻碍城市发展的重要“瓶颈”之一。

## 6.2 攀枝花市总量减排政策

2004年四川省政府公布的《中共四川省委、四川省人民政府关于进一步加强环境保护工作的决定》提出，到2010年全省环境污染和生态破坏的趋势得到有效控制，污染物排放总量大幅度削减，重点城市大气环境质量达到Ⅱ级以上标准，二氧化硫和酸雨控制区（以下简称“两控区”）二氧化硫排放量控制在 50 万 t 以内，酸雨显著减轻。2010 年发布《关于开展环境污染责任保险工作的实施意见》，规定了省内污染重、风险大、定损易的行业和企业将分期分批开展环境污染责任保险工作。同时，是否参加环境污染责任保险，还将作为企业绿色信贷、环保评先创优等重要审查内容之一。

对环境污染问题，攀枝花市以落实“三个历史性转变”为契机，按照强化整治、突出重点、整体推进的思路，制定了“十一五”节能降耗工作目标和主要污染物总量控制目标。《“十一五”期间四川省主要污染物排放总量控制计划》规定到 2010 年底，攀枝花市单位 GDP 能耗比 2005 年降低 22%，能耗指标年均下降 5%，主要工业产品单位能耗达到或接近全国“十一五”行业平均水平。化学需氧量和氨氮分别控制在 1.8 万 t、0.22 万 t 以内，在 2005 年基础上分别增加 11.1%、76.4%，5 年内分别增加 0.180 1 万 t、0.095 3 万 t；二氧化硫排放总量控制在 8.1 万 t 以内，在 2005 年基础上降低 29.4%，5 年净削减 3.374 1 万 t。

为实现上述“十一五”总量减排目标，攀枝花市采取了一系列重要措施：

第一，制定减排实施方案和行动计划。制定了《攀枝花市主要污染物总量减排实施方案》，并据此制定了《攀枝花市 2008 年主要污染物总量减排行动计划》和《攀枝花市 2009 年主要污染物总量减排行动计划》，逐一落实减排项目，将减排项目和减排进程进一步细化分解，确保全市“十一五”主要污染物总量减排工作的整体推进。

第二，落实责任。2007 年，市政府与各县区、钒钛产业园区、攀钢集团公司、攀枝花煤业集团有限公司等签订了《攀枝花市“十一五”主要污染物控制责任书》，将污染控制指标完成情况纳入政府目标考核内容。各区县对其主要污染物总量控制指标进一步分解，并落实到相关企业。

第三，狠抓落实，积极推进工程减排。一是紧抓责任落实，对纳入省、市级限期治理的减排项目，按照属地管理、分级负责的原则将责任分级落实到各区县。二是紧紧抓住攀钢烧结机脱硫和发电厂脱硫两个重点，加快二氧化硫治理进程，带动全市二氧化硫治理减排工作。

第四，加快调整优化产业结构。以优化产业结构为导向，加快落后产能淘汰步伐，通过采取“关、停、并、转”等措施，加大淘汰电力、钢铁、建材、铁合金等行业落后产能的步伐，提前关停了发电公司 4 台 5 万 kW 机组，并对不符合产业政策的鼎金焦化等 22 个项目予以淘汰。2005—2007 年，淘汰取缔了 90 余个不符合产业政策、不符合城市规划、污染比较严重的项目。

第五，强化监管，严格审批。加大对污染减排项目现场核查力度，确保减排项目不落空，不定期对减排项目进行现场核查，确保项目真实性，对项目存在问题提出整改要求。重点抓好冶金、电力、水泥等重点减排项目监管，定期开展现场监察工作，确保环保设施正常稳定运行。

第六，严格审批，实行总量控制制度。在新建建设项目审批过程中，建立以环境容量为基础的新建项目审批机制和总量控制制度。对无总量指标和总量来源的项目一律不准审批，严格控制建设项目污染物新增排放量。严格限制“两高一资”产能过剩和低水平重复建设，加大落后产能淘汰力度，推进产业结构调整和布局优化，充分发挥经济结构调整和转变发展方式的抓手作用，切实推动经济发展方式的加快转变。

## 6.3 攀枝花市污染物减排措施对温室气体减排的协同效应评估

攀枝花市示范城市协同效应评价的具体对象为《攀枝花市主要污染物总量减排实施方案》中所确定的削减二氧化硫的 29 项总量减排措施，包括四川华电攀枝花发电公司的 1 号、2 号、5 号、6 号机组关停，攀枝花钢铁集团公司 3 号、4 号、5 号、6 号烧结机脱硫治理等。评价的时间范围为“十一五”期间。为力求结果准确，本项目所采用的源数据和系数等都尽可能采用实测数据。例如，对于不同煤的含碳量，不同项目中有所区别，而非采用单一默认值。

### 6.3.1 结构减排措施的协同效应评估

攀枝花市“十一五”总量减排中结构减排措施包括四川华电攀枝花发电公司关闭 1 号 50MW 发电机组等 17 项，涉及发电、钢铁、水泥、焦化 4 个行业。评价这些减排措施主要有两种方法：一种是燃料消耗法，另一种是产品产量法。两种方法具体评价过程分别以四川华电攀枝花发电公司关闭 1 号 50MW 发电机组、攀枝花市鼎金焦化有限责任公司关闭 2 座 66-5B 型焦炉和攀枝花市翰通焦化有限公司关闭 2.5m 焦炉为例说明：

（1）四川华电攀枝花发电公司关闭 1 号发电机组（50MW）

二氧化硫减排量，按下列公式计算：

$$
\begin{aligned}
R(SO_2) &= M \times S \times 1.6 \times 10^4 \\
&= 11.14 \times 0.72\% \times 1.6 \times 10^4 \\
&= 1\,283\ (tSO_2)
\end{aligned}
$$

式中：$R(SO_2)$——关闭发电机组的二氧化硫减排量，t；

$M$——发电煤耗，11.14 万 t；

$S$——燃煤平均硫分，0.72%。

由于二氧化硫和二氧化碳都产生于煤炭等燃料燃烧，因此，二氧化碳减排量可按下列公式计算：

$$E（CO_2）=M×C×（44/12×0.8）×10^4$$
$$=11.14×50\%×（44/12×0.8）×10^4$$
$$=163\ 281（tCO_2）$$

式中：$E（CO_2）$——关闭发电机组的二氧化碳减排量，t；

$C$——燃煤平均碳分，50%；

44/12——$CO_2$ 和 C 的质量比；

0.8——煤炭中碳分转化为 $CO_2$ 的比例系数，80%。

（2）攀枝花市鼎金焦化有限责任公司关闭 2 座 66-5B 型焦炉

二氧化硫减排量，按下列公式计算：

$$R（SO_2）=M×S×1.6×10^4$$
$$=2.389×0.6\%×1.6×10^4$$
$$=229t$$

式中：$R（SO_2）$——关闭 66-5B 型焦炉 2 座的实际二氧化硫减排量，t；

$M$——发电煤耗量，2.389 万 t；

$S$——煤平均硫分，0.6%；

1.6——64/32（$SO_2$ 和 S 的质量比）乘以 0.8（燃烧率）。

由于二氧化硫和二氧化碳都产生于煤炭等燃料燃烧，因此，二氧化碳减排量可按下列公式计算：

$$R（CO_2）=M×C×（44/12×0.8）×10^4$$
$$=2.389×80\%×（44/12×0.8）×10^4$$
$$=56\ 066t$$

式中：$R（CO_2）$——关闭发电机组的实际二氧化碳减排量，t；

$C$——燃煤平均碳分，80%；

44/12——$CO_2$ 和 C 的质量比；

0.8——煤炭中碳分转化为 $CO_2$ 的比例系数，80%。

（3）攀枝花市翰通焦化有限公司关闭 2.5m 焦炉

二氧化硫减排量，按下列公式计算：

$$R（SO_2）=SO_2\text{-EF}（kgSO_2/t\ 机焦）×P（t\ 机焦）×10^{-3}$$
$$=1.52×56\ 416.7/1\ 000$$
$$=859t/a$$

式中：$R$（$SO_2$）——关闭焦炉的预计二氧化硫减排量，t/a；

$SO_2$-EF——焦炉的单位产品二氧化硫排放量，1.52kg$SO_2$/t 机焦；

$P$——该公司的机焦产量，56 416.7t 机焦。

$CO_2$减排量视为与关闭设备的$CO_2$年排放量相等的话，可按下列公式计算：

$$E(CO_2)=E(SO_2)/(0.6\%\times1.6)\times C\times(44/12\times0.8)$$
$$=859/0.009\,6\times80\%\times(44/12\times0.8)$$
$$=209\,978\text{t/a}$$

式中：$E$（$CO_2$）——关闭 2.5m 焦炉的预计二氧化碳减排量，t/a；

$E$（$SO_2$）——关闭 2.5m 焦炉的预计二氧化硫减排量，859t/a；

0.6%——原料煤含硫量，%；

1.6——64/32（$SO_2$和 S 的质量比）乘以 0.8（燃烧率）；

$C$——机焦平均碳分，80%；

44/12——$CO_2$和 C 的质量比；

0.8——煤炭中碳分转化为$CO_2$的比例系数，80%。

评价结果显示，“十一五”期间，由于采取结构减排措施，攀枝花市能够减排二氧化硫 12 061t，这些措施同时能够减排二氧化碳 2 106 038t，协同效应系数为 174.6。从行业来看，水泥行业协同效应系数最大，为 572.2，其次为焦化行业，为 244.4，钢铁行业最小为 31.7。从行业减排量来看，电力行业二氧化硫减排量最多，为 9 836t，钢铁行业减排量最小为 267t；电力行业二氧化碳减排量最多，为 1 519 697t，钢铁行业二氧化碳减排量最小，为 8 470t。

**表 6-1 “十一五”期间攀枝花市各行业结构减排措施减排量及协同效应**

| 行业 | $SO_2$减排量/t | $CO_2$减排量/t | 协同效应系数（$CO_2$减排量/$SO_2$减排量） |
|---|---|---|---|
| 电力 | 9 836 | 1 519 697 | 154.5 |
| 钢铁 | 267 | 8 470 | 31.7 |
| 焦化 | 1 655 | 404 487 | 244.4 |
| 水泥 | 303 | 173 384 | 572.2 |
| 总计 | 12 061 | 2 106 038 | 174.6 |

来源：本项目计算得到。

## 6.3.2 工程减排措施的协同效应评估

攀枝花市“十一五”总量减排中工程减排措施包括攀枝花钢铁集团公司发电厂 1 号、2 号、3 号烧结机脱硫治理等 12 项，涉及发电、钢铁、焦化 3 个行业。

具体评价过程分别以攀枝花市圣达焦化有限责任公司推焦装煤废气治理-氨水喷淋、盐边县天时利矿业有限公司烟气治理为例说明。

（1）攀枝花市圣达焦化有限责任公司推焦装煤废气治理-氨水喷淋

二氧化硫减排量：

$$
\begin{aligned}
R(SO_2) &= (V_{上年} - V_{当年}) \times T \times 10^{-3} \\
&= (3.83 - 1.61) \times 8\,760 \times 10^{-3} \\
&= 19\text{t}
\end{aligned}
$$

式中：$R(SO_2)$——实施脱硫工程后二氧化硫减排量，t；

$V_{上年}$——实施脱硫工程前的二氧化硫排放速率，t；

$V_{当年}$——实施脱硫工程后的二氧化硫排放速率，t；

$T$——焦炉的生产时间，8 760h。

二氧化碳减排量：

$$
\begin{aligned}
R(CO_2) &= R(SO_2) \times (39/2\,496) \\
&= 19 \times (39/2\,496) \\
&= 0.30 \approx 0\text{t}
\end{aligned}
$$

式中：39/2496——采用实施烟气脱硫工程的二氧化碳削减量和二氧化硫削减量的溶解度重量比。

（2）盐边县天时利矿业有限公司烟气治理

二氧化硫减排量：

$$
\begin{aligned}
E(SO_2) &= E_{治理前} - E_{治理后} \\
&= 100.6 - 40.1 \\
&= 60\text{t/a}
\end{aligned}
$$

式中：$E(SO_2)$——实施脱硫治理后预计二氧化硫减排量，t/a；

$E_{治理前}$——治理前二氧化硫排放量，t/a；

$E_{治理后}$——治理后二氧化硫排放量，t/a。

二氧化碳减排量：

由于采用 $CaCO_3$ 吸收法，因此会释放 $CO_2$

$$
\begin{aligned}
E(CO_2) &= E(SO_2) \times (-44/64) \\
&= 60 \times (-44/64) \\
&= -41\text{t/a}
\end{aligned}
$$

式中：$E(CO_2)$——预计二氧化碳减排量，t/a；

$E(SO_2)$——参考预计二氧化硫减排量，t/a；

44/64——$CO_2$ 和 $SO_2$ 的质量比。

评价结果显示，“十一五”期间，由于采取工程减排措施，攀枝花市能够减排二氧化硫 43 780t，这些措施同时能够增加二氧化碳排放 2 074t，协同效应系数为－0.05。按行业分类，钢铁行业二氧化硫减排量最多，为 34 581t，但同时也会增加二氧化碳排放 2 074t；电力行业和焦化行业二氧化碳减排量都为 0。

**表 6-2 “十一五”期间攀枝花市各行业工程减排措施减排量及协同效应**

| 行业 | $SO_2$ 减排量/t | $CO_2$ 减排量/t | 协同效应系数（$CO_2$ 减排量/$SO_2$ 减排量） |
|---|---|---|---|
| 电力 | 9 180 | 0 | 0 |
| 钢铁 | 34 581 | －2 074 | －0.1 |
| 焦化 | 19 | 0 | 0 |
| 总计 | 43 780 | －2 074 | －0.1 |

来源：本项目计算得到。

### 6.3.3 管理减排措施的协同效应评估

由于攀枝花在《攀枝花市主要污染物总量减排实施方案》中提出的管理减排措施没有得到国家对二氧化硫减排量的认可，因此，本示范项目只限于对结构调整减排措施和工程治理项目减排措施所产生的二氧化碳减排效果进行评价。

## 6.4 攀枝花市总量减排措施对温室气体减排的协同效应评估结论

综上所述，“十一五”期间，攀枝花市实施总量减排措施，可以削减二氧化硫 55 841t，能够实现其“十一五”期间“二氧化硫排放总量控制在 8.1 万 t 以内，净削减 3.37 万 t”的总量控制目标，同时能够减排二氧化碳 2 103 964t，协同效应系数为 37.7。

从各行业来看，水泥行业协同效应系数最大，为 572.2，其次为焦化行业 241.6，然后是电力行业 79.9，最小的为钢铁行业 0.2。

从各行业减排量来看，钢铁行业二氧化硫减排量最大，为 34 848t，占二氧化硫减排总量的 62.4%，但其二氧化碳减排量最小，只占二氧化碳减排总量的 0.3%；电力行业二氧化硫减排量位居第二，为 19 016t，占二氧化硫减排总量的 34.1%，二氧化碳减排量最多，为 1 519 697t，占二氧化碳减排总量的 72.2%；水泥行业二氧化硫减排量最小，为 303t，只占二氧化硫减排总量的 0.5%，但其二氧化碳减排量较大，为 173 384t，占二氧化碳减排总量的 8.2%。

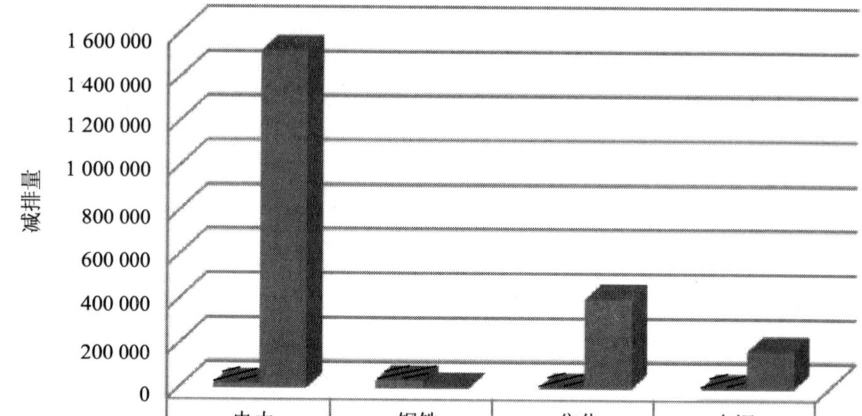


| | 电力 | 钢铁 | 焦化 | 水泥 |
|---|---|---|---|---|
| $SO_2$减排量/t | 19 016 | 34 848 | 1 674 | 303 |
| $CO_2$减排量/t | 1 519 697 | 6 396 | 404 487 | 173 384 |

图 6-1 “十一五”期间攀枝花市各行业总量减排措施减排量

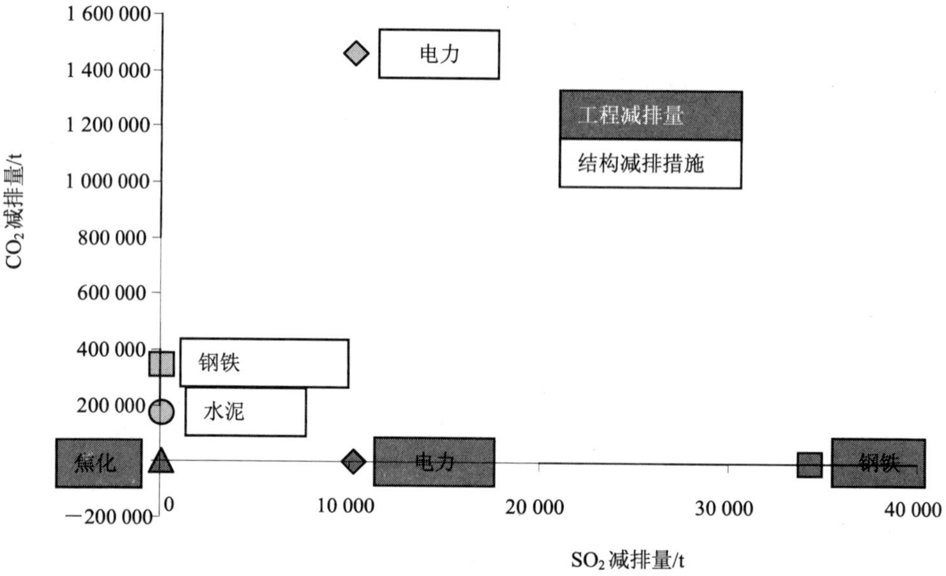


图 6-2 “十一五”期间攀枝花市各行业总量减排的协同效应

# 7 湘潭市协同效应评估实例

## 7.1 湘潭市基本情况

湘潭市地处湘中丘陵盆地中部，长江中游之南，南岭以北，湘江之滨，地势平缓，地貌以平原、岗地、丘陵为主，湘江及其支流涟水、涓水流经境内，属亚热带季风性湿润气候区，水热资源丰富，年均温 17℃，年均降水 1 300mm。湘潭市下辖湘潭县、湘乡、韶山两市及雨湖、岳塘城市两区。全市总面积 5 015km$^2$，人口 293 万，其中市区面积 282km$^2$，人口 78 万。湘潭市与省会长沙和株洲相互间距离 40 余 km，呈“品”字状分布，构成湖南省交通、文化、科技、经济最发达的“金三角”，为中国甲类开放城市，是广大内陆地区发展外向型经济，通往广州、上海等沿海地区的重要通道之一，京广、湘黔铁路及 107、320 国道过境，湖南省最大的河流湘江穿城而过，常年可行驶千吨级货轮。

湘潭市是湖南省经济较发达地区之一，2009 年实现地区生产总值 739.38 亿元，其中第一产业增加值 89.33 亿元，增长 5.0%；第二产业增加值 387.76 亿元，增长 16.4%；第三产业增加值 262.28 亿元，增长 13.0%。按常住人口计算，人均地区生产总值 26608 元，增长 13.2%，人均国内生产总值居全省第二位。全市规模以上工业企业达 800 多家，规模以上工业企业中产值过 200 亿元的 1 家，过 10 亿元的 9 家，过 1 亿元的 179 家。园区经济活跃，目前全市拥有国家级高新区 1 个，省级园区和“两型”建设示范区 5 个，市级园区 2 个，入园企业达 841 家，已投产企业 537 家，其中规模以上工业企业 252 家。2009 年，全市园区规模工业企业实现工业增加值 126.37 亿元，占全市规模工业增加值比重达 37.8%。园区正成为湘潭工业的最大亮点和重要支撑。

湘潭市是中国和湖南重要的工业基地，工业在湘潭的经济中占有重要地位。国民生产总值、社会总产值和财政收入的 70%来自工业，是全国重要的机电、电缆、锰、氟化盐、系列塔式起重机、精细化工等产品的生产基地，经过 40 多年的建设，湘潭已形成了带动经济增长和结构升级的 4 大支柱产业：以湘电集团为龙头的先进装备制造及清洁能源装备制造产业、以华菱湘潭钢铁有限公司为龙头的精品钢材及深加工产业、以吉利汽车为龙头的小轿车及零部件产业、以全创科技为龙头的电子信息产业。还拥有电解二氧化锰、氟化盐、塔式起重机、电线电缆、交流电机、皮革、龙牌酱油等一大批国内外具有一定地位和声誉的工业产品。

2007 年 12 月 14 日，经报请国务院同意，国家发展和改革委员会批准长沙、株洲、湘潭（简称长株潭）城市群为全国资源节约型和环境友好型社会建设综合配套改革试验区。长株潭城市群的发展定位是：全国“两型社会”建设示范区，湖南省新型工业化、新型城市化的引导区，中部经济发展的核心增长极，具有国际品质的现代化的生态型城市群。试验区的特色是“两型”，核心任务是“两新”，载体是城市群，根本措施是综合配套改革，着重点是重点领域和关键环节，总体要求是资源节约和环境友好。湘潭市“两型试验”实现良好起步，举办了“两型社会”建设高峰论坛和“企业高级经理人环保论坛”；策划“两型社会”建设重大项目 170 个，其中 147 个进入长株潭城市群重大项目库，总投资 5241 亿元；完成战略产业发展和基地建设、投融资路径探索等 20 个重大课题研究；推行城乡建设用地增减挂钩、“城中村”改造、土地预征等改革试点；推进路桥收费体制改革；确立九华、昭山、天易三个示范片区先行改革的推进路径。

由于历史原因，受当时生产技术水平的限制，环保历史欠账太多，存在工业污染形势严峻、流域污染问题严重、区域性污染问题突出等环境问题。工业污染主要集中在岳塘、湘潭县易俗河、湘乡城区。形成了以湘钢为代表的冶炼废水污染，以竹埠港化工区、湘潭县吴家巷为代表的化工废水污染，以及湘乡市城区制革行业为代表的制革废水污染的区域性环境污染特点。废气污染物排放主要集中在火电、建材、化工和冶金等全市经济发展的优势行业，其排放量占全市废气污染物排放总量的 88%。全市二氧化硫、烟尘、粉尘排放量位居全省前列，2005 年，湘潭市的二氧化硫、烟尘、工业粉尘的排放量分别达到 7.97 万 t、5.88 万 t 和 5.99 万 t，也属于我国的重酸雨区。湘江湘潭段部分污染因子经常超标如：镉、石油类、粪大肠菌群数、总氮。在枯水期间，镉因子出现超标严重现象，直接影响湘江两岸人民的饮水安全。

## 7.2 湘潭市总量减排政策

按照建设资源节约型和环境友好型社会的要求，切实改善湘潭市的空气和水环境质量，湘潭市确立了以节能减排、生态环境改善与新型工业化道路相结合的“两型社会”建设方针，制定了“十一五”万元 GDP 能耗降低 22%，主要污染物

COD、$SO_2$、Cd（镉）、As（砷）排放总量分别减少 17.5%、6%、23.7%、25.3% 的节能减排总目标。紧紧围绕上述节能减排目标，以湘江流域和湘乡工业区地区的环境改善为核心，以长株潭城市群“两型社会”综合配套改革试验区的建设为契机，着力改造传统产业，“十一五”期间，对钢铁、化工、建材等行业与竹埠港工业园、湘乡等老工业区的节能减排，实施循环经济集成应用示范工程，通过攻克 10 项关键技术和共性技术，推广 10 项实用技术，开发 20 个节能减排科技新产品，实施 6 项重大集成应用示范工程（简称湘潭市节能减排“1126 工程”），建设节能减排科技创新支撑平台，大幅提高资源能源利用率，显著削减污染物排放，同时，制定了《2008—2010 年污染物总量减排和“蓝天碧水”行动计划》，将污染减排、改善城区空气质量、综合治理湘江作为环保工作的三大任务。在大气污染总量控制方面，总体目标是到 2010 年，全市二氧化硫排放总量由 2007 年的 8.41 万 t 下降到 7.49 万 t，后三年削减率为 12.84%；2008 年城区空气优良率提高到 75%，2009 年使城区空气优良率达到 80%以上；2010 年末达到 85%的水平。将围绕 100 个重点减排项目的实施和核定展开，从工业企业污染源控制、服务业油烟、烟尘污染控制、畜禽养殖污染治理、城区扬尘污染治理到机动车尾气治理，全面实施污染减排措施和总量控制计划，通过产业结构调整、工程治理、监督管理三种方式，来实现“十一五”主要污染物总量减排和“蓝天碧水”目标。为体现行动效果，所有重点减排项目都必须在 2009 年年底完成。项目实行责任制，各县（市）区、各工业园区、市直各部门和市辖各大企业为责任单位，与市政府签订污染减排和“蓝天碧水”工程目标责任状，明确完成时间，并要求达到预期行动效果。强化污染减排工程项目落实，强化任务分解和责任考核。具体政策措施表现在以下 2 个方面：

第一，突出三大措施推进污染减排

一是突出结构优化推进结构减排。“十一五”以来，全市共关闭小炼锌、小火电、小水泥、小造纸等企业 105 家，在产业提升与发展方面，致力于推动传统产业高端化、高新化，努力实现高新技术产业的规模化、集约化发展。二是突出项目建设推进污染减排。通过紧扣强化技术改造、加强污染治理、推行清洁生产、发展循环经济等内容。精心策划开发了一批重点项目。“十一五”期间，全市完成二氧化硫减排项目 62 个，COD 减排项目 71 个。三是突出监督管理推进污染减排。重点加大了对城市污水处理厂和湘钢焦化废水深度处理、电厂脱硫、湘钢烧结脱硫等重点减排工程的日常监管，在监测体系建设方面，建成了环境监控平台，成立了环境应急指挥中心，安装重点污染源企业自动在线监控设施 40 多台套，覆盖了工业重点源的 85%，初步形成了覆盖全市的现代化环境监控网络。

第二，六大保障措施促行动计划完成

一是建立健全减排和“蓝天碧水”工程监管体系。建立健全考核评价制度和问责追究制度，对各责任单位和责任人污染减排和“蓝天碧水”工程任务的完成情况进行考核；建立健全社会公开承诺和信息公开制度，将各重点企业排污信息在媒体公布，并由企业公开承诺污染减排和“蓝天碧水”行动计划；建立健全调度例会制度，定期召开环保调度例会，通报污染减排和“蓝天碧水”工程进展情况，研究解决行动计划落实中的问题；建立健全政策扶植和补偿制度，对重点减排项目，各级政府还要安排必要的引导资金，给予税收优惠，并积极向上申报，争取国家和省政府的专项资金支持。

二是明确职责，层层分解工作任务。各县（市）区人民政府对辖区内的环境质量负责，要制定主要污染物排放总量控制实施计划，将主要污染物总量控制目标分解、落实到各排污单位。环保部门负责对减排工作实施统一监督管理。发展改革部门将减排计划纳入国民经济和社会发展规划，认真做好关停小火电工作；经济管理部门负责淘汰落后生产能力；统计部门负责提供经济发展及城市发展的基础数据和发展预测数据，负责发布污染减排统计信息；建设部门和公用事业部门分别负责城市污水处理厂建设和运行管理。畜牧水产部门负责推进畜禽养殖污染防治。财政部门负责安排污染减排和“蓝天碧水”工程专项经费，加强对污染减排和“蓝天碧水”管理体系的投入和对重点项目的资金支持。监察部门会同环保部门完善环保问责追究制，对污染减排和“蓝天碧水”行动计划不落实的地方和部门追究责任。电力监管部门负责执行关停小火电机组计划，落实对污染企业的停电、限电措施。其他相关部门也要按照各自职能，积极配合推进减排工作。

三是严格排污许可监督管理。加大排污许可证核发工作力度，重点加强核发后的监督管理，建立统一、规范、完整的排污许可动态数据库；实行工商、环保联动的排污许可证年检制度；严格环境执法，各级环境保护行政主管部门要依法查处无证或不按证排污，对拒不履行污染治理责任，违反环保法律法规的企业公开曝光、依法查处，对责令关停企业逾期未关停到位的，由政府组织相关部门强制关停，对已关停企业要防止死灰复燃，确保减排成果。

四是加大对污染减排和“蓝天碧水”工程项目的政策扶持。减排项目应享受的财政资金补助，各级政府要保证及时足额到位，对重点减排项目，各级政府还要安排必要的引导资金，要在行政审批方面提供优质服务，保证项目用地等需求。

五是抓两个“十大工程”促行动计划的完成。从2008—2010年主要污染物减排和“蓝天碧水”工程重点项目中，筛选出控制性工程十项，确定为“十大工程”，由市政府挂牌督办，起到示范和抓大促小作用。同时确定湘潭发电有限公司、湘乡皮革工业园污水处理厂等十大重点监管企业名单，对已完成的重点污染治理工程进行重点监管，确保稳定达标排放。

六是加大减排和“蓝天碧水”工程宣传力度。重点抓好《节能减排全民行动实施方案》的落实，对在减排工作和“蓝天碧水”工程工作中作出突出贡献的企业、单位和成果予以表彰和奖励。提高全民环保意识，营造公众参与减排和推进“蓝天碧水”工程的氛围。

## 7.3 湘潭市协同效应评价

湘潭市案例具体评价对象为《湘潭市环境保护“十一五”规划》以及《2008—2010 年污染物总量减排和“蓝天碧水”行动计划》中所确定的 18 项削减二氧化硫总量减排措施，包括湘潭电厂关闭 7、8、9 号发电小机组（25MW 和 50MW），韶峰水泥厂关停 4 条湿法转窑生产线，湖南有色氟化学有限公司淘汰 3 台共 60t 燃煤锅炉等结构调整减排措施；湘潭电厂 4 台大型机组烟气脱硫工程、湖南华菱湘钢的 $360m^2$ 烧结脱硫和余热余压发电工程、城区宾馆、医院的煤改气工程等工程治理减排措施。总量控制措施中管理减排的削减量尚未进行核算和认定，因此，本案例评价对象限于结构调整减排措施和工程治理项目减排措施取得的减排量，评价的时间范围为“十一五”期间的减排量。本项目计算减排量所需源数据和系数采用环境统计数据库和实测的数据，在核算二氧化碳减排量时，为力求核算结果的准确可靠，对于不同煤的含碳量，本研究按行业分类取样检测。

根据本项目所开发的协同效应评价方法，湘潭市“十一五”总量减排措施的协同效应评价为：

### 7.3.1 结构减排

结构减排项目主要包括关停发电小机组、淘汰化工燃煤锅炉及水泥行业落后湿法生产线等，具体的评价方法分别说明如下：

（1）湘潭电厂关闭 7、8、9 号发电小机组的二氧化硫减排量，按照总量减排核算细则中“关停小火电机组新增削减量”的核算方法计算如下：

$$
\begin{aligned}
R\,(SO_2) &= M \times S \times 1.6 \\
&= 74\,375 \times 0.80\% \times 1.6 \\
&= 952\ (tSO_2)
\end{aligned}
$$

式中：$R\,(SO_2)$——关闭发电机组的二氧化硫减排量，t；

$M$——发电煤耗，74 375t；

$S$——发电用煤平均硫分，0.8%[①]；

1.6——根据环境保护部发布的《污染源普查工业污染源产排污系数手册》中煤炭硫分转化为 $SO_2$ 的系数。

同样，由于二氧化硫和二氧化碳都产生于煤炭燃烧，因此，二氧化碳减排量可按下列公式计算：

$$R（CO_2）=M\times C\times（44/12\times 0.8）$$
$$=74\ 375\times 63.74\%\times（44/12\times 0.8）$$
$$=139\ 059（tCO_2）$$

式中：$R（CO_2）$——关闭发电机组的二氧化碳减排量，t；

$C$——发电用煤含碳量实测值，63.74%；

44/12——$CO_2$ 和 C 的质量比；

0.8——煤炭中碳分转化为 $CO_2$ 的比例系数，80%。

（2）湖南有色氟化学有限公司淘汰 3 台共 60t 燃煤锅炉，二氧化硫减排量核算如下：

$$R（SO_2）=（G_{上年}-G_{当年}）\times S\times 1.6$$
$$=（41\ 422-8\ 000）\times 2.0\%\times 1.6$$
$$=1\ 069（tSO_2）$$

式中：$R（SO_2）$——淘汰燃煤锅炉的二氧化硫减排量，t；

$G_{上年}$——淘汰燃煤锅炉上年燃料煤碳的消耗量，41 422t；

$G_{当年}$——淘汰燃煤锅炉核算期当年燃料煤炭的消耗量，8 000t；

$S$——燃煤平均硫分，2.0%。

同样，由于二氧化硫和二氧化碳都产生于煤炭燃烧，因此，二氧化碳减排量可按下列公式计算：

$$R（CO_2）=（G_{上年}-G_{当年}）\times C\times（44/12\times 0.8）$$
$$=（41\ 422-8\ 000）\times 82.11\%\times（44/12\times 0.8）$$
$$=80\ 499（tCO_2）$$

式中：$R（CO_2）$——淘汰燃煤锅炉的二氧化碳减排量，t；

$C$——企业燃煤碳分实测值，82.11%。

（3）韶峰水泥厂关停 4 条湿法转窑生产线的二氧化硫减排量，按照总量减排核算细则中产量排污系数法计算如下：

① 企业实测数据。

$$R(SO_2)=SO_2\text{-}EF(\text{kg-}SO_2/\text{t 熟料})\times P(\text{t 熟料/a})\times 10^{-3}$$
$$=2.638\times 1\ 516\ 300/1\ 000$$
$$=4\ 000\ (tSO_2)$$

式中：$R(SO_2)$——关停湿法水泥窑的二氧化硫减排量，t；

$SO_2$-EF——湿法窑的单位产品二氧化硫排放量，2.638 kg$SO_2$/t 熟料；

$P$——关停 4 条湿法转窑生产线的熟料产量，1 516 300 t 熟料/a。

同样，从水泥厂排放出的二氧化碳可视为来自煤等化石燃料消耗，因为本案例计算的污染物减排量是湿法改干法生产线削减燃煤所产生的减排量，不用考虑燃烧过程原料分解排放产生的二氧化碳。二氧化碳减排量可按下列公式计算：

$$R(CO_2)=CO_2\text{-}EF(\text{kg-}CO_2/\text{t 熟料})\times P(\text{t 熟料/a})\times 10^{-3}$$
$$=478.2\times 1\ 516\ 300/1\ 000$$
$$=725\ 095\ (tCO_2)$$

式中：$R(CO_2)$——关停湿法水泥窑的二氧化碳减排量，t；

$CO_2$-EF——湿法窑的单位产品二氧化碳排放量，478.2 kg$CO_2$/t 熟料，用湿法窑的平均耗热量（5.9~6.7 GJ/t-clinker）和企业烟煤的平均含碳量（20.7 kg/GJ）得出（5.9+6.7）/2×20.7×44/12＝478.2（kg$CO_2$/t 熟料）。

（4）湘乡桂兴肥业有限公司氮肥生产线关闭转产复合肥，二氧化硫减排量按总量减排核算细则中“关停涉水企业同步拆毁燃煤设施新增削减量”的方法核算，以 2007 年核查组对减排量的认定为例加以说明：

$$R(SO_2)_{\text{同关}}=(q_{\text{工锅}}-q_{\text{非电}})/q_{\text{工锅}}\times E_{\text{上年}}$$
$$=(0.032-0.017)/0.032\times 800$$
$$=375\ (tSO_2)$$

式中：$R(SO_2)_{\text{同关}}$——同步关停涉水企业燃煤设施新增二氧化硫削减量，t；

$q_{\text{非电}}$——上年关停企业所在地区的非电排放强度，0.017t $SO_2$/t 煤；

$q_{\text{工锅}}$——同步关停涉水企业[①]燃煤设施的 $SO_2$ 排放系数，0.032 t$SO_2$/t 煤，燃煤平均硫分为 2.0%；

$E_{\text{上年}}$——同步关停涉水企业上年环境统计数据库中 $SO_2$ 排放量，800t。

同样，关停企业燃煤设施，亦可削减二氧化碳的排放，其减排量可按下式计算：

① 参见国家环境保护总局《主要污染物总量减排核算细则（试行）》，指的是涉水行业的企业，如：小造纸、小化工、小印染等。

$$R(CO_2)_{同关}=G_{上年}\times q_{工锅}$$
$$=22\,950\times 1.68$$
$$=38\,556\ (tCO_2)$$

式中：$R(CO_2)_{同关}$——同步关停涉水企业燃煤设施的二氧化碳减排量，t；

$G_{上年}$——同步关停涉水企业燃煤设施上年的煤炭消耗量，22 950 t；

$q_{工锅}$——同步关停涉水企业燃煤设施的 $CO_2$ 排放系数，1.68t$CO_2$/t 煤，计算排放系数所用含碳量按湘潭市化工行业燃煤设施用煤的平均碳分 57.22%取值。

评价结果显示，“十一五”期间，由于采取结构减排措施，湘潭市能够减排二氧化硫 11 902t，这些措施同时能够减排二氧化碳 1 450 762t，协同效应系数为 121.9。从各行业来看，水泥行业协同效应系数最大，为 181.3，其次为电力行业 96.2，化工行业 85.9，纺织行业最少为 45.6。从减排量来看，电力行业二氧化硫减排量最多，为 5 909t，但水泥行业二氧化碳减排量最多，为 725 095t，造纸行业不论是二氧化硫还是二氧化碳减排量都最小，分别为 50t 和 2 618t。

**表 7-1 “十一五”期间湘潭市各行业结构减排措施减排量及协同效应**

| 行业 | $SO_2$ 减排量/t | $CO_2$ 减排量/t | 协同效应系数（$CO_2$ 减排量/$SO_2$ 减排量） |
|---|---|---|---|
| 电力 | 5 909 | 568 157 | 96.2 |
| 纺织 | 222 | 10 121 | 45.6 |
| 化工 | 1 631 | 140 055 | 85.9 |
| 水泥 | 4 000 | 725 095 | 181.3 |
| 造纸 | 50 | 2 618 | 52.4 |
| 制革 | 90 | 4 716 | 52.4 |
| 总计 | 11 902 | 145 0762 | 121.9 |

来源：本项目计算得到。

### 7.3.2 工程减排

工程减排项目主要包括电厂机组烟气脱硫治理，钢厂烧结脱硫治理、余热余压发电工程和煤改气工程等。具体的评价方法分别说明如下：

（1）湘潭电厂 4 台机组烟气脱硫二氧化硫的减排量按照总量减排核算细则，计算如下：

$$R(SO_2)=M\times S\times \eta\times 1.6$$
$$=234.9\times 1.04\%\times 90\%\times 1.6\times 10\,000$$

$$=35\ 179\ (tSO_2)$$

式中：$R$（$SO_2$）——电厂机组烟气脱硫的二氧化硫减排量，t；

$M$——核算期发电煤耗，234.9 万 t；

$S$——燃煤平均硫分，1.04%；

$\eta$——机组核算期综合脱硫效率，90%；

1.6——煤炭硫分转化为 $SO_2$ 的系数。

对于治理工程新增 $SO_2$ 削减量，是指老污染源采取的具有连续长期稳定减排 $SO_2$ 效果的烟气治理工程。由于是对已经产生的烟气进行治理，不会使燃料使用量减少，所以对于主要因为燃料使用量减少而产生的二氧化碳减排影响不大；但是，治理措施本身对二氧化碳的产生量可能有影响，例如：湘潭电厂采用碳酸钙（$CaCO_3$）作为脱硫添加剂的脱硫项目，根据下面的脱硫反应公式，二氧化碳排放量反而增加。

$$SO_2+CaCO_3+1/2O_2 \longrightarrow CaSO_4+CO_2$$

因二氧化碳和二氧化硫的质量之比是 44∶64，所以每实现 1t 二氧化硫削减量时二氧化碳排放量将为 0.687 5（=44/64）t。

因此，湘潭电厂机组烟气脱硫治理对二氧化碳减排的协同效应按下列公式计算：

$$\begin{aligned} R\ (CO_2) &= R\ (SO_2)\ \times 0.687\ 5 \\ &= 35\ 179 \times 0.687\ 5 \\ &= 24\ 186\ (tCO_2) \end{aligned}$$

式中：$R$（$CO_2$）——电厂机组烟气脱硫对二氧化碳减排的协同效应量，t。

（2）湖南华菱湘潭钢铁有限公司 360m$^2$ 烧结机烟气脱硫的二氧化硫减排量核算方法同（1）：

$$\begin{aligned} R\ (SO_2) &= M \times S \times \eta \times 1.4 \\ &= 267 \times 0.10\% \times 70\% \times 1.4 \times 10^4 \\ &= 2\ 616\ (tSO_2) \end{aligned}$$

式中：$R$（$SO_2$）——烧结机烟气脱硫的二氧化硫减排量，t；

$M$——核算期烧结入炉料消耗量，267 万 t；

$S$——烧结入炉料平均硫分，0.10%；

$\eta$——机组核算期综合脱硫效率，70%；

1.4——烧结机入炉料硫分转化为 $SO_2$ 的系数。

同样，采用碳酸钙（$CaCO_3$）作为脱硫添加剂的脱硫治理对二氧化碳减排的协同效应按下列公式计算：

$$R（CO_2）=R（SO_2）\times 0.6875$$
$$=2\ 616\times 0.687\ 5$$
$$=1\ 799（tCO_2）$$

式中：$R$（$CO_2$）——烧结机烟气脱硫对二氧化碳减排的协同效应量，t。

（3）湖南华菱湘钢余热余压发电，替代燃煤火力发电，实现二氧化硫和二氧化碳的协同减排，减排量可按下列公式计算：

$$R（SO_2）=G\times EFSO_2$$
$$=71\ 718.3\times 106.4\times 10^{-3}$$
$$=7\ 630（tSO_2）$$

式中：$R$（$SO_2$）——余热余压发电替代燃煤火力发电的二氧化硫减排量，t；

$G$——余热余压年总发电量，71 718.3 万 kWh；

$EFSO_2$——燃煤火力发电的 $SO_2$ 排放系数，106.4 kg/万 kWh（参照主要污染物总量减排核算细则中附表五）。

$$R（CO_2）=G\times EFCO_2$$
$$=71\ 718.3\times 10^4\times 0.973\ 5/1\ 000$$
$$=698\ 178（tCO_2）$$

式中：$R$（$CO_2$）——余热余压发电工程的二氧化碳减排量；

$EFCO_2$——燃煤火力发电的 $CO_2$ 排放系数，0.973 5 kg/kWh（电网公认值）①。

（4）湘潭市 24 家禁燃区内宾馆煤改气工程，二氧化硫减排量按照总量减排核算细则中“非电煤改气工程新增削减量”的核算方法计算如下：

$$R（SO_2）=M\times S\times 1.6$$
$$=10\ 000\times 0.63\%\times 1.6$$
$$=100（tSO_2）$$

式中：$R$（$SO_2$）——煤改气工程的二氧化硫减排量，t；

$M$——按照新增清洁燃料消耗量等热值原则核算替代原煤量，10 000t；

$S$——企业煤炭平均硫分取值，0.63%；

1.6——煤炭硫分转化为 $SO_2$ 的系数。

在忽略天然气泄漏的前提下，煤改气所产生的二氧化碳减排量应为燃煤和燃气的 $CO_2$ 排放量差值，计算如下：

---

① 本案例所采用的排放因子是 2008 年华中地区电网基准线排放因子，即 BM 和 OM 的排放权重各取 0.5 计算所得，本案例中发电量 71 718.3 万 kWh 是 2008 年湘钢余热余压利用的年发电量。减排量核算一般是核算一年的减排量。

$$R(CO_2)=p_{煤}\times M-p_{气}\times A$$
$$=1.68\times 10\,000-1.83\times 5.37\times 10^6/1\,000$$
$$=6\,973\ (tCO_2)$$

式中：$R(CO_2)$——煤改气工程的二氧化碳减排量，t；

$M$——按照新增清洁燃料消耗量等热值原则核算替代原煤量，10 000t；

$p_{煤}$——宾馆燃煤的 $CO_2$ 排放系数，1.68 t $CO_2$/t 煤，计算排放系数所用煤的含碳量 57.32%为实测值；

$A$——新增清洁燃料消耗量，$5.37\times 10^6$ $m^3$ 天然气；

$p_{气}$——天然气燃烧的 $CO_2$ 排放系数；1.83 kg $CO_2$ / $m^3$ 天然气，其中，天然气中平均含碳量 0.5 kg / $m^3$ 天然气[①]。

评价结果显示，“十一五”期间，由于采取工程减排措施，湘潭市能够减排二氧化硫 47 115t，这些措施同时能够减排二氧化碳 701 028t，协同效应系数为 14.9。从各行业来看，服务行业协同效应系数最大，为 84.8，其次为钢铁行业 68，电力行业协同效应系数为负，也是最小的，为−0.7。从减排量来看，电力行业二氧化硫减排量最多，为 35 179t，但二氧化碳排放不但没有减少，反而增加了 24 186t；钢铁行业二氧化碳减排量最多，为 696 379t。

表 7-2　“十一五”期间湘潭市各行业工程减排措施减排量及协同效应

| 行业 | $SO_2$ 减排量/t | $CO_2$ 减排量/t | 协同效应系数（$CO_2$ 减排量/$SO_2$ 减排量） |
|---|---|---|---|
| 电力 | 35 179 | −24 186 | −0.7 |
| 服务 | 165 | 13 991 | 84.8 |
| 钢铁 | 10 246 | 696 379 | 68.0 |
| 化工 | 1 525 | 14 844 | 9.7 |
| 总计 | 47 115 | 701 028 | 14.9 |

来源：本项目计算得到。

### 7.3.3 管理减排措施的协同效应评估

由于湘潭市“十一五”期间没有上相关的管理减排措施，因此，本示范项目只限于对结构调整减排措施和工程治理项目减排措施所产生的二氧化碳减排效果进行评价。

① 按下列公式估算所得：12×94%/22.4（94%——所用天然气中甲烷的平均含量；22.4——摩尔体积）。

## 7.4 湘潭市总量减排措施对温室气体减排的协同效应评估结论

综上所述，“十一五”期间，湘潭市实施总量减排措施，可以削减二氧化硫 59 017t，能够实现其“十一五”期间“二氧化硫排放总量控制在 7.49 万 t 以内，净削减 0.48 万 t，削减 6%”的总量控制目标，同时，能够减排二氧化碳 2 151 790t，协同效应系数为 36.4。

从各行业来看，水泥行业协同效应系数最大，为 181.3，其次为服务行业 84.8，排在第三位的是钢铁行业 68，最小的为电力行业 13.2。

从各行业减排量来看，电力行业二氧化硫减排量最大，为 41 088t，占二氧化硫减排总量的 69.6%，但其二氧化碳减排量较小，只占二氧化碳减排总量的 25.3%；钢铁行业二氧化硫减排量位居第二位，为 10 246t，占二氧化硫减排总量的 17.4%，二氧化碳减排量也位居第二位，为 696 379t，占二氧化碳减排总量的 32.4%；水泥行业二氧化硫减排量为第三位，减排 4 000t，占二氧化硫减排总量的 6.8%，但其二氧化碳减排量最大，为 725 095t，占二氧化碳减排总量的 33.7%；化工行业二氧化硫减排量位居第四位，为 3 156t，占二氧化硫减排总量的 5.3%，其二氧化碳减排量也位居第四位，为 154 899t，占二氧化碳减排总量的 7.2%。

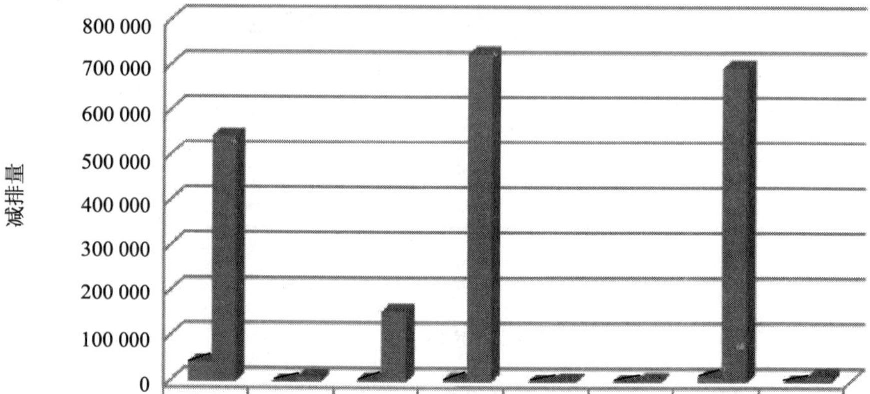


| | 电力 | 纺织 | 化工 | 水泥 | 造纸 | 制革 | 钢铁 | 服务 |
|---|---|---|---|---|---|---|---|---|
| $SO_2$ 减排量/t | 41 088 | 222 | 3 156 | 4 000 | 50 | 90 | 10 246 | 165 |
| $CO_2$ 减排量/t | 543 97 | 10 121 | 154 89 | 725 09 | 2 618 | 4 716 | 696 37 | 13 991 |

图 7-1 “十一五”期间各行业总量减排措施减排量

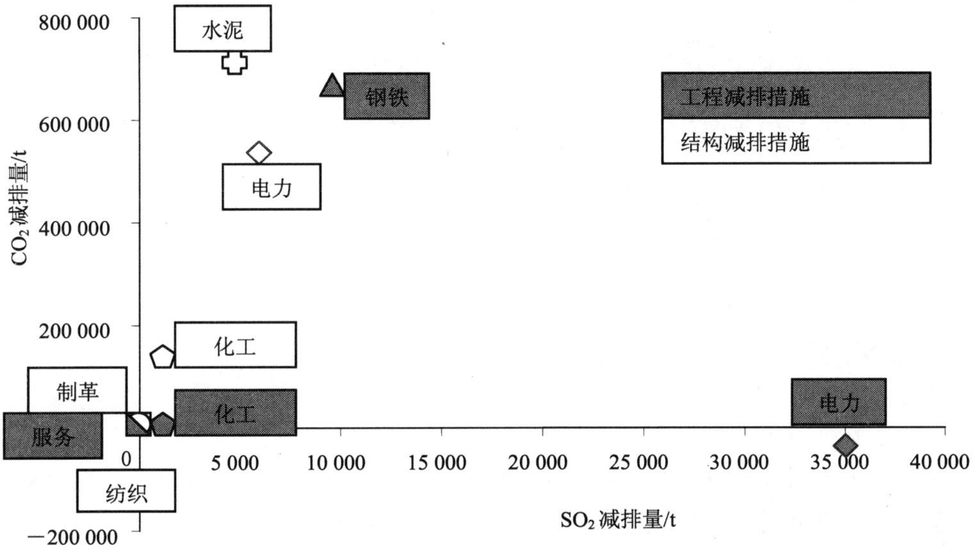


图 7-2 “十一五”期间湘潭市各行业总量减排的协同效应

# 8 协同效应评价结果分析及主要结论

## 8.1 结果分析

从以上对四川省攀枝花市和湖南省湘潭市两个示范案例“十一五”总量减排措施对减缓全球温室气体排放的协同效应评价来看，“十一五”期间二氧化硫总量减排措施总的协同效应系数都为正值，而且非常接近，分别为 37.7 和 36.4。

从不同减排措施看，由于所选案例不涉及管理减排，结构减排与工程减排相比，结构减排协同效应系数要远远大于工程减排的协同效应系数，结构减排措施的协同效应系数一般都为正值，而工程减排的协同效应系数可能为正值也可能为负值。攀枝花市结构减排的协同效应系数为 174.6，工程减排的协同效应系数为－0.05；湘潭市结构减排的协同效应系数为 121.9，工程减排的协同效应系数为 14.9。但是，从二氧化硫减排量来看，通过结构减排的二氧化硫减排量要远远小于工程减排的二氧化硫减排量，两市通过结构减排措施减少的二氧化硫排放量为 23 963t，通过工程减排措施减少的二氧化硫排放量为 90 895t，通过结构减排措施减少的二氧化硫排放量约是通过工程减排措施减少的二氧化硫减排量的四分之一。而从二氧化碳的减排量来看，两市通过结构减排措施减少的二氧化碳排放量要远远大于工程减排措施减少的二氧化碳排放量，分别为 3 556 800t 和 698 954t，通过结构减排措施减少的二氧化硫排放量约是通过工程减排措施减少的二氧化硫减排量的 5 倍。

从不同行业来看，不论是攀枝花市还是湘潭市，都是水泥行业协同效应系数最大，远远大于电力行业和钢铁行业，分别为 572.2 和 181.3。由于各市支柱产业不同，所采取总量减排措施的对象不同，各行业对二氧化硫减排量的贡献率不同，二氧化碳减排总量也有差别。攀枝花市是以钢铁为支柱产业的城市，所以其二氧化硫减排量主要来源于钢铁行业；湘潭市支柱产业包括电力、钢铁等，二氧化硫减排量主要来自电力行业。

## 8.2 主要结论

四川省攀枝花市和湖南省湘潭市都是资源型工业城市，但同时两者在内部产业结构方面又有较大区别，比如攀枝花市主要以钢铁为支柱产业，钢铁产业对其GDP的贡献率超过一半，钢铁产业二氧化硫等污染物排放的贡献率也超过一半，而湘潭市虽然国民生产总值、社会总产值和财政收入的70%来自工业，但分布在钢铁、电力、装备、汽车等几个产业。考虑到以上背景，通过对攀枝花市和湘潭市“十一五”总量减排措施对减缓全球温室气体排放的协同效应评价及两者的结果分析，可以得出如下结论：

结论一：中国资源型工业城市“十一五”二氧化硫总量减排措施对减缓全球温室气体排放总体上有显著的正协同效应，不容忽视。

实施关闭四川华电攀枝花发电公司 1 号机组等减排措施可以削减二氧化硫5.58 万 t，能够实现其“十一五”期间“二氧化硫排放总量控制在 8.1 万 t 以内，净削减 3.37 万 t”的总量控制目标，同时，能够减排二氧化碳 210.4 万 t，协同效应系数为 37.7。实施关闭湘潭电厂 3 台 100MW 机组等减排措施共可以削减二氧化硫 5.9 万 t，能够实现其“十一五”期间“二氧化硫排放总量控制在 7.49 万 t 以内，净削减 0.48 万 t，削减 6%”的总量控制目标，同时，能够减排二氧化碳 215.2 万 t，协同效应系数为 36.4。另外，由于湘潭市还有多家低产能、高污染的小水泥、小火电等正在进行整治，例如湘潭市碱业有限公司正在采取余热余压利用等措施，可以减排大量二氧化硫，这些措施的实施同时会产生更大的协同效应，减排大量温室气体。也就是说，如果将这些计算在内，协同效应系数会更大。

此外，如以 2006 年国内生产总值为基线，不考虑国内生产总值的增量，湘潭市“十一五”期间通过总量减排措施产生的协同效应使单位国内生产总值二氧化碳排放下降 7%，攀枝花市“十一五”期间通过总量减排措施产生的协同效应使单位国内生产总值二氧化碳排放下降 11%。而实际上不论是湘潭市还是攀枝花市，“十一五”期间国内生产总值增幅都很大，年均增长率分别为 16%和 22%。因此，两市通过总量减排措施产生的协同效应使单位国内生产总值二氧化碳排放下降的百分比实际值应该更大。这将为顺利实现《国民经济和社会发展“十二五”规划纲要》中提出的“单位国内生产总值二氧化碳排放降低 17%，主要污染物排放总量显著减少，化学需氧量、二氧化硫排放分别减少 8%，氨氮、氮氧化物排放分别减少 10%”等约束性目标，对温室气体和污染物等实施协同减排，具有非常重大的意义。

从另外一个角度看，结合两个案例所得出的37.7和36.4两个协同效应系数，根据此协同效应系数对全国的二氧化硫削减总量粗略估算，如果到2010年单位GDP能源消耗比2005年降低20%，新建项目环保措施都落实和GDP年均增加10%情况下，要实现二氧化硫10%的减排任务，“十一五”期末，二氧化硫需要削减670万t，同时，将能够减排二氧化碳2.4亿～2.5亿t。根据《中国应对气候变化国家方案》提供的数据，1991—2005年的15年中，中国累计节约和少用的能源达到8亿t标准煤，相当于减少二氧化碳排放18亿t。由此可以看出，“十一五”二氧化硫总量减排措施所产生的温室气体减排协同效应是非常巨大的、不容忽视的。

结论二：实现“十一五”总量减排目标采取不同类型措施、应用不同技术对减缓全球温室气体排放产生不同的协同效应，既可能有正的协同效应，也可能有负的协同效应和协同效应为零的情况存在。正的协同效应主要为源头措施，负的协同效应主要为末端控制。

正的协同效应主要来自源头控制和结构减排，例如产业结构调整、能源结构调整等，例如：攀枝花煤业集团关闭5台35t/h蒸汽锅炉、四川华电攀枝花发电公司关闭5号机组（50MW），以及华菱湘钢的余热余压利用发电等。负的协同效应主要是末端处置的工程减排，主要表现在石灰石-石膏湿法脱硫。例如攀枝花一立球团、攀枝花广川冶金有限公司、盐边县天时利矿业有限公司等的烟气脱硫和治理项目、湘潭电厂、华菱湘钢的烟气脱硫、湘潭电化科技股份有限公司的热电联产锅炉炉内脱硫等。由于这些项目是对已经产生的烟气进行治理，不会使燃料使用量减少，所以对于主要因为燃料使用量减少而产生的二氧化碳减排影响不大，但是治理措施本身对二氧化碳的产生量会有影响，主要原因是这些项目使用了石灰石脱硫等工艺和技术，在削减二氧化硫的同时产生了相应的二氧化碳，比例为削减1mol的二氧化硫产生1mol的二氧化碳。没有明显协同效应的项目也为工程减排项目，原因是这些项目使用了离子液吸收和$Ca(OH)_2$吸收工艺，它们在削减二氧化硫的同时不会产生相应的二氧化碳等温室气体。但是，如果考虑用电则可能是负效应，不过，负效应很小。例如：攀枝花钢铁集团公司的6号烧结机脱硫治理、新建360$m^2$烧结机替代1号、2号烧结机、攀钢发电厂1号脱硫治理等项目。

结论三：从行业而言，各地各行业二氧化硫和二氧化碳减排总量贡献与其产业结构密切相关，但与协同效应系数并不一致。协同效应系数与行业本身属性、减排措施有直接关系。

两个示范城市协同效应系数最大的都为水泥行业，湘潭市协同效应系数大小顺序依次为水泥、钢铁、化工和电力，攀枝花市协同效应系数大小顺序依次为水泥、焦化、电力、钢铁。主要原因是两个示范城市水泥行业都实施结构性减排措施。但是，水泥行业并非两个示范城市最重要的支柱产业，也并非两个示范城市二氧化硫或二氧化碳减排量最大的行业。钢铁行业和电力行业分别是攀枝花市和湘潭市两个示范城市的支柱产业，从总量而言，也是二氧化硫减排量最大的行业，例如，湘潭市电力行业二氧化硫减排量占本市二氧化硫减排总量的 70%，攀枝花市钢铁行业二氧化硫减排量占本市二氧化硫减排总量的 62.4%。但电力和钢铁并非协同效应系数最大的行业，在湘潭市电力行业甚至是协同效应系数最小的行业。

# 9 协同效应政策建议

根据以上对协同效应的背景介绍、内涵阐释、政策分析、技术归纳、案例评估，可以得出，“十一五”期间中国实施的污染物总量减排措施对全球温室气体减排具有重大贡献，考虑协同效应对成本有效地实现“十二五”规划的环境约束性目标具有重要意义。为服务决策，提出如下政策建议。

## 9.1 给中国中央决策者的政策建议

### 9.1.1 提高污染物总量减排措施对温室气体减排协同效应的认识，主动统筹污染物总量减排和温室气体减排的政策和技术

中国对协同效应的认识是一个不断发展的过程。如前所述，大致经历了前协同效应期、协同效应评估期、协同效应影响分析期和协同控制政策分析期几个阶段。国际社会也是如此。在前协同效应期，对局地污染控制和全球环境治理，人们从认识上没有考虑两者间的关联。随着理论和实证研究的不断深入，受国际背景变化、经济发展阶段、国内政策约束等因素的影响，对协同效应的认识也在不断发生变化。从国际背景变化看，全球环境问题，特别是气候变化问题已经成为影响国际关系的重要内容；从经济发展阶段看，中国已经是全球第二大经济体，但经济飞速发展的背后是严重的环境污染代价和温室气体高排放，面对的环境问题具有“压缩型”和“复合型”等特征；从国内政策约束看，“十二五”规划的约束性目标不仅包括二氧化硫、氮氧化物、COD、氨氮等局地污染物，而且，将单位生产总值温室气体减排量也纳入约束性指标。在这种情况下，协同效应既是解决全球环境问题和国内环境问题的交汇点，也是解决经济发展和环境保护矛盾的迫切需要，同时还是中国和国际社会对话的必要内容。换句话说，考虑协同效应，不仅有直接的环境收益、经济效益，还有重要的社会影响。结合本项目研究，特别强调应全面正确认识全球环境问题和国内环境问题间的环境协同效应，首先不回避总量减排措施对温室气体减排的负效应，同时更要充分利用温室气体减排及

应对气候变化措施的协同效应做好总量减排工作。为此，应主动统筹：一是国内环境政策和气候变化政策统筹，特别是部门政策统筹；二是污染控制技术和温室气体减排技术统筹。

### 9.1.2 对环境管理政策、环境经济政策、环境技术政策、环境社会政策、国际环境政策实施全方位政策创新

“十二五”规划已经将传统污染物和温室气体减排都作为约束性目标。而现有环境政策体系下，从可持续发展角度看，削减传统污染物与温室气体减排政策之间既存在相互促进作用，也存在相互矛盾。因此，为解决这些矛盾，必须全方位改善现有的环境政策体系，包括环境管理政策、环境经济政策、环境技术政策、环境社会政策、国际环境政策等，制定局地污染物与温室气体的协同控制政策体系。

环境管理政策方面：一是结合目前实行的环境影响评价制度，将碳排放量作为环评评价指标，出台低碳环评实施细则和指南；二是在二氧化硫排污权交易制度试点研究基础上，逐步研究和开展氮氧化物、碳排放交易制度，同时建立二氧化硫、氮氧化物和二氧化碳总量排污交易制度；三是建立产品硫排放和碳排放档案，制定产品硫排放和碳排放标准；四是在环境友好型技术清单基础上建立协同效应型技术清单数据库，并根据国际社会技术变动趋势，定期更新技术需求清单；五是研究建立各行业总量减排对温室气体减排的协同效应系数数据库；六是将低碳产品标识体系纳入中国环境认证计划，研究制定相关低碳产品标准、引入国际ISO 14060碳认证标准、拓展现行的环境产品认证范围等。

环境经济政策方面：一是制定环境税收政策，根据产品硫排放和碳排放标准，对高污染高耗能产品征收环境税；二是对生产高效低碳低污染产品实施企业所得税优惠政策，实施绿色信贷和绿色保险政策；三是研究和制定污染物与温室气体协同减排投资政策；四是研究和制定低碳环保交易和金融政策；五是继续完善资源综合利用的税收优惠政策等。

环境技术政策方面：一是制定电力、钢铁、水泥、化工等行业污染物和温室气体协同控制技术标准；二是从信贷、税收、保险等方面制定激励政策鼓励和支持协同控制型技术发展，抑制那些异协同控制型技术发展；三是完善科技创新机制，组织低碳和污染协同控制重大科学研究和技术工程示范、建立技术开发、技术制造和技术使用三位一体的创新机制、推动环境友好低碳技术管理体系建设。

环境社会政策方面：一是将总量减排措施的协同效应等内容纳入《中国应对

气候变化国家方案》、《中国应对气候变化的政策与行动》白皮书等国家气候变化等文件中。二是应该将气候变化、低碳产品、低碳城市、绿色经济等内容纳入环境宣传教育范围，在环境保护部网站加大以上内容的宣传。三是加大宣传力度，提高全民的协同效应意识。具体措施将政府、企业、民众分别引导，对于政府官员，可以将协同控制和绿色经济的内容列入地方党政领导干部环境培训活动，纳入地、县级环保局长培训内容；企业层面，开展针对企业领导的社会责任意识的教育，开展专业技术人员的协同效应技术专门培训；公众层面，利用现有环境宣传教育网络开展针对公众的协同效应教育宣传，将有关内容列入高等教育专业书籍，提高全民的意识和科学素质。

国际环境政策方面：一是将应对气候变化和发展低碳经济作为国际环境政策的重点之一；二是充分利用《联合国气候变化框架公约》和《京都议定书》下的各种机制，例如清洁发展机制（CDM），加大环境友好型技术、先进低碳技术、先进环境管理技术在中国的转移和扩散，为国内污染减排服务；三是加大外商绿色投资的引进力度；四是拓宽绿色经济国际合作范围和渠道。

### 9.1.3 加强局地污染物减排与温室气体减排协同效应型技术创新和研发，并构造协同技术广泛应用和繁荣发展的政策和人文环境

协同控制技术开发是最大限度保障实现污染控制和温室气体减排协同效应的关键和核心。目前，污染物和温室气体协同控制技术需求很大，政策支持，但供给严重不足。为取得最大化协同效应，需鼓励国内技术创新，开发协同控制技术。首先，要加强科技创新，引导激励协同效应型核心技术研发。一是加强三个类型的协同效应技术研发工作，即高能耗、高排放领域的节能减排技术；能效提高技术、余热回收利用技术等无碳环保技术；核能、太阳能、风能、生物质能等可再生能源技术。二是加强技术创新，建设发展低碳技术的技术支撑体系。应将资源生产率置于技术发展的中心地位，要依托现有最佳实用技术，淘汰落后技术、推动产业升级，实现技术进步与效率改善。特别要大力推动相关技术创新，包括绿色能源技术、环境能源友好技术、清洁生产技术等，通过理论、方法、评价指标等方面的创新，寻求技术突破。其次，要构造协同技术广泛应用和繁荣发展的政策和人文环境。设立协同效应技术新兴产业的研究和人才培养机制，制定加强对协同效应技术发展具有战略意义的关键原材料的控制政策，促进低碳环保城市规划的研究和实践。同时，要发挥国内机构协同技术创新应用的示范引领作用等。

### 9.1.4 进一步完善协同效应量化评价方法，深化总量减排措施的协同效应评估研究

本研究开发了污染物减排对温室气体减排的协同效应量化评价方法，并以攀枝花市和湘潭市为案例开展了“十一五”总量减排的协同效应评价，对传统污染物减排与温室气体排放的关系有了初步发现。但是，从方法论本身来看，首先，本评价方法只考虑了二氧化硫和二氧化碳之间的关系，没有涉及其他传统污染物及温室气体，随着“十二五”期间将氮氧化物纳入约束性指标，减排氮氧化物总量减排措施的协同效应的重要性也逐渐凸显。其次，本评价方法只考虑了大气污染治理，没有涉及污水处理和垃圾处置，而实际上污水处理和垃圾处置措施实施会有很多甲烷等温室气体排放。另外，方法论只考虑了二氧化碳温室气体，没有考虑甲烷、一氧化二氮等温室气体。还有，方法论仅限于协同效应的物质化量度，缺乏成本效益分析等货币化度量。从评价研究过程来看，虽然选择攀枝花市和湘潭市为案例进行了具体评价研究，但是仍然只是个案研究，并没有具体显示全国的情况。为此，有必要结合氮氧化物和氨氮总量减排方法，进一步完善传统污染物对温室气体减排的协同效应评价方法，同时深化总量减排的协同效应评估研究：一是对协同效应评估方法进行完善和创新：首先，将考虑对象从单纯考虑大气扩展到大气、水和固废等的综合考量；其次，将单纯计算二氧化碳一种温室气体扩大到考虑甲烷等其他几种温室气体，近期特别应考虑氮氧化物控制措施对温室气体的协同效应；另外，除了考虑总量减排对温室气体控制的环境效益，还要进行成本和效益核算。二是开展区域和全国的协同效应的评估。这将对“十二五”环境规划的制定以及2020年单位GDP二氧化碳排放比2005年下降40%～45%目标的实现有重要决策参考价值。

## 9.2 给示范城市决策者的政策建议

### 9.2.1 “十二五”期间加大结构减排措施力度，重视管理减排措施

“十一五”期间，在总量减排措施方面，安装和运转脱硫设施等工程减排为二氧化硫约束性目标的实现作出了巨大贡献。但是，“十二五”期间工程减排二氧化硫的边际效用将大大缩减，同时削减二氧化硫约束性目标的边际成本会大大增加。也就是说，工程减排的效益空间逐渐变小，减排潜力大大降低。本研究攀枝花市和湘潭市两个案例的协同效应评价从协同效应的角度也予以了证明：协同效应系

数最大的为结构减排，工程减排总协同效应为负。为此，"十二五"期间，不论是从总量减排效果出发还是从协同效应实际出发，都应该：一是应重视和大力实施结构减排措施，除了关停等措施外，应加强运用经济激励措施，促进国内经济结构调整，另一方面，还要加强运用对外贸易和投资手段，建立绿色贸易体系，加快对外贸易结构调整，这是因为大多数高耗能高排放行业多为出口外贸型行业。二是重视管理减排措施。"十一五"期间，管理减排措施的减排效益较小，攀枝花市和湘潭市两个案例都没有被认可的管理减排措施。但实际上，国内污染减排与发达国家的最大差别既不是设备，也不是技术，而是管理。"十二五"期间需要加强人员培训及管理体系建设，挖掘管理减排的潜能。不过，这并非说明工程减排不重要，上述考虑只是从二氧化硫减排的角度考虑，由于"十二五"新增氮氧化物约束性指标，所以，在减排氮氧化物方面仍然需要工程减排发挥作用。

### 9.2.2 "十二五"期间将水泥行业作为总量减排的重点行业之一

从行业情况来看，"十一五"期间，二氧化硫减排重点放在电力行业的工程减排。国际文献中，绝大多数研究也重点关注电力行业。但从攀枝花市和湘潭市两个示范城市污染物和温室气体的协同效应评价研究结果看，电力行业并非协同效应系数最大的行业，在湘潭市电力行业甚至是协同效应系数最小的行业。两个示范城市协同效应系数最大的都为水泥行业，协同效应与行业本身属性相关。同时，水泥行业还是氮氧化物排放量最多的重点行业之一。因此，从协同效应的角度考虑，同时，考虑到"十二五"将氮氧化物作为约束性削减指标之一，"十二五"期间应将水泥行业作为总量减排的重点行业之一。

## 9.3 给日本决策者的政策建议

中日两国在中日污染减排与协同效应研究示范项目中开展了务实合作，取得了丰硕成果，得到了广泛关注，产生了重大影响。未来应进一步深化和促进两国的相关合作，实现协同效应：一是继续开展中日污染减排与协同效应研究示范项目，合作开展后续项目，后续项目要进一步加大污染物总量减排与温室气体减排的协同效应合作研究力度，特别是将重点放到协同效应评价方法和协同控制政策研究上；二是将本项目成果宣传并推广到其他发展中国家；三是深化污染物总量减排与温室气体协同效应的交流与对话，通过召开国际研讨会、磋商会和发布会等多种形式，共同探讨污染减排与协同效应，为同时完成污染物总量减排和温室气体减排约束性目标提出切实可行的措施，例如已经开展的亚洲协同效应伙伴计划；四是深化协同效应型技术合作，加快协同效应型技术合作在中国的扩散和使用；五是建立区域或全球性协同效应专家对话平台，成立相关专家网络；六是坚持和加强污染物减排与温室气体减排的协同效应方面的能力建设培训，攀枝花市和湘潭市能力建设培训不但对本协同效应项目的实施发挥了重要作用，同时对未来的国际合作项目实施也有重要意义，取得了良好效果。因此，需要进一步加强该方面的合作。

# Assessment and Case Study of the Co-benefits of Air Pollution Control on GHG Emissions Reduction

**Sino-Japan Joint Research Group for Pollutant Emissions Reduction and Co-Benefits**

# Preface

On 1 December 2007, the "Statement on Joint Implementation of Co-Benefits Study and Demonstration Project" (hereafter, "the Statement") was signed by the Ministry of Environmental Protection of the People's Republic of China (MEP, China) and the Ministry of the Environment, Japan (MOEJ) (hereafter, "both Parties") at Sino-Japan high-level economic dialogue held in Beijing. On 28 of the same month 2007, the "Sino-Japan Joint Communiqué on the Promotion of Cooperation in the Field of Environment and Energy" was issued by the governments of Japan and China, in which the third article stated that "Both Japan and China support the study and demonstration project on the co-benefits between air pollution control and greenhouse gas (GHG) emissions reduction", which emphasized the importance of this project. Therefore, Sino-Japan joint implementation of co-benefits study and demonstration project was not only cooperation on environmental protection, but also a priority area for environment and energy cooperation in both countries.

In accordance with the Statement, the "Sino-Japan Joint Study and Demonstration Project on Co-Benefits between Air Pollution Control and GHG Emissions Reduction" officially commenced in April 2008. The time frame was provisionally set for three years. The main purposes of the joint study and demonstration project were: to quantitatively assess the effectiveness of the co-benefits between the atmospheric pollutant emissions control and global climate change mitigation in the selected model cities in China within the time frame of the 11$^{th}$ Five-Year Plan (FYP); and to use the results as a tool to effectively link domestic environmental protection policies with climate change policies. To be specific, the project included: (1) evaluation of the co-benefits between total pollution control for air pollutants and GHG emissions reduction in the model cities during the 11$^{th}$ FYP period; (2) capacity buiding programs to enhance the skills of the key public and private personnel in the model cities; and (3) make efforts to identify and develop several projects based on the clean development mechanism (CDM) of the Kyoto Protocol.

The first part, the evaluation of the co-benefits of total air pollutant control on GHG emissions reduction and methodology development for quantitative assessment, was the focus of the study. By using this methodology, two selected demonstration cities in China, Panzhihua City in Sichuan Province and Xiangtan City in Hunan Province, were studied to quantitatively assess the co-benefits between the air pollutant control in the period of the $11^{th}$ FYP and GHG emissions reduction. As reported below, this joint study proved that the atmospheric pollutant control contributed to GHG emissions reduction. In addition, the case studies on Chinese cities made this joint study unique compared to other studies on the effects of co-benefits. From 2008 to 2009, research and related activities were carried out in Panzhihua City of Sichuan Province, in order to identify a methodology to assess the co-benefits based on several emissions reduction measures (structure, engineering and management) and to quantitatively evaluate the effectiveness of co-benefits between atmospheric pollutant emissions reduction and GHG emissions reduction in Panzhihua City under the $11^{th}$ FYP. The assessment results indicated that the total pollutant load control adopted in the $11^{th}$ FYP successfully reduced the emission of sulfur dioxides ($SO_2$) by 55,800 tons, and at the same time, reduced the emission of carbon dioxide ($CO_2$) by 2.1 million tons. If introducing a concept of co-benefits coefficient as the amount of GHG emissions reduction caused by unit $SO_2$ emissions reduction, the co-benefits coefficient in this case was 37.7. The basic findings of the case study in Panzhihua City were presented at a side event of the Fifteenth Session of the Conference of Parties (COP15) to the United Nations Framework Convention on Climate Change (UNFCCC) in December 2009, which attracted much attention. Furthermore, as part of the project, the officials from the Environmental Protection Bureau of Panzhihua City and the representatives from related enterprises participated in capacity buiding programs in China (Panzhihua City) and Japan (Tokyo, Yokkaichi City, etc.), which facilitated the smooth operation of this project. On this foundation in order to carry out comparative study and enrich the project achievements on co-benefits study, another model city — Xiangtan in Hunan Province was selected in 2010, Xiangtan City was a resource-based, heavy-industrial city, and one of the experimental demonstration cities for the "two-oriented society" (resource-saving and environment-friendly society). The result of the joint study showed that the total pollution control measures adopted in Xiangtan City during the period of the $11^{th}$ FYP had result in reductions in $SO_2$ and $CO_2$ of 59,000 tons and

2,152,000 tons, respectively, and the co-benefits coefficient in Xiangtan City was 36.5. In addition, as in Panzhihua City, the officials from Xiangtan City's Environmental Protection Bureau and the representatives from related enterprises participated in capacity-building trainings in China (Xiangtan City) and Japan (Tokyo, Kitakyushu City, etc.), and the training programs were received well.

Through the two case studies, the following main conclusions could be summarized: (1) in the resource-based indurstrial cities of China, the pollutant control measures under the $11^{th}$ FYP could contribute to GHG emissions reduction with significant positive effects; (2) to meet the pollutant control target in the $11^{th}$ FYP, different types of measures and technologies were employed, which brought different co-benefits (might be positive, negative, or zero) to GHG emissions reduction, and the positive effects were mainly resulted from source treatment or structure adjustment, negative effects mainly resulted from end treatments and engineering emissions reduction; (3) from view of industries, the co-benefits from $SO_2$ reduction to $CO_2$ reduction were closely related to industry structure, but not in accordance with the co-benefits coefficient, which was directly related to the industry property and emissions reduction measures. It is important to note that outcomes and findings may vary during the implementatien period of the $12^{th}$ FYP.

In addition to the quantitative assessment of the co-benefits in the two case studies, this project also carried out systematic investigations in the co-benefits' concept, policies and technologies, analyzed the co-benefits of total pollutant reduction, and proposed political suggestions on integrating co-benefits into pollutant control and GHG emissions reduction policies. It needs to be clarified that the 'co-benefits' involved in the book originated from the English word 'co-benefits' rather than 'Synergy effects', although the direct Chinese translation of the word means synergistic benefits or symbiotic benefits. The main reasons for using the word 'co-benefits' instead of 'synergistic benefits' or 'symbiotic benefits' are based on the following considerations: (1) The word used in the Statement was 'co-benefits'; (2) The word of 'co-benefits' is neutral, while 'synergistic benefits' and 'symbiotic benefits' are inclined to positive effects. However, from practical experiences, pollutant control measures may have both of positive and negative impacts on GHG reduction; (3) 'Co-benefits' could indicate not only space effects (global GHG, regional or local) but also time effects (e.g. in the period of 11th FYP), and lay stress on the importance of relationship between global GHG control and local pollutant control. While 'synergistic benefits' and 'symbiotic benefits' are inclined to time effects, current and in future, with weak reflection on the space effects; (4) 'Co-benefits' could indicate both monetization effects and materialization effects, while 'synergistic benefits' and 'symbiotic benefits' have a bias towards monetization effects. In this study, the monetization effects are not a focus, thus 'co-benefits' is more appropriate. To sum up the concept of 'co-benefits' in this study is the climate change related materialization impacts or actions of air pollutant control measures on GHG emissions reduction during a given period. Additionally, through the systematizing the co-benefits related policies and technologies as well as assessing on the effects of co-benefits, this report believes that, totally or in a macro level, pollutant control policies and GHG emissions reduction policies could achieve co-benefits effects, and actions such as employing system innovations have been undertaking currently to actively achieve the co-benefits in national level. Meanwhile, China has been vigorously promoting co-benefits related technologies. However, some departmental policies were contradictory. Therefore, this report suggested establishing related policies regarding co-benefits and carrying out co-control to traditional pollutants and GHG.

In the period of 11th FYP in China, structure, engineering, and management measures have been adapted, which effectively controlled the air pollution. Compared to 2005, the emissions of $SO_2$ and chemical oxygen demand (COD) in 2010 have reduced by 14.29% and 12.45%, respectively. Based on the research findings of this report, these measures contribute to GHG emissions reduction with significant co-benefits effects. The 12th FYP of China issued in this year has set several restrictive targets: by 2015, the proportion of non-fossil fuels in primary energy should increase to 11.4%, energy consumption per unit gross domestic product (GDP) should reduce by 16%, $CO_2$ emissions by unit GDP should reduce by 17%, primary pollutant discharge should drop significantly, the emissions of COD and $SO_2$ should both reduce by 8%, the emissions of ammonia nitrogen and nitrogen oxide (NO) should both reduce by 10%. To meet the requirements of 12th FYP, it is of great importance to scientific summarize the co-benefits between total pollutant control and GHG emissions reduction in the period of 11th FYP.

A joint working team was formed for the co-benefits study and demonstration project, which has been co-supervised by the Director-General of the Total Emission Control Department, MEP, China and the Director-General of the Environmental Management Bureau, MOEJ. Team members included the director of the Air Pollutant Division, Total Emission Control Department, MEP, China and the head of the International Cooperation Office, Environmental Management Bureau, MOEJ. The Policy Research Center for Environment and Economy (PRCEE), MEP, China and the Overseas Environmental Cooperation Center (OECC), Japan served as the Secretariats of both sides. The other team members from the Chinese side included: the Environmental Protection Bureau of Panzhihua City, Environmental Monitoring Station of Panzhihua City, Panzhihua Iron & Steel Co., Environmental Protection Department of Hunan Province, Environmental Protection Bureau of Xiangtan City, Hunan Research Academy for Environmental Science, and Environmental Protection Research and Design Institute of China Metallurgical Group and Chinese Academy for Environmental Planning, MEP, China. Pacific Consultants, Co., Ltd. (PCKK) of Japan also joined the team. With the effective coordination and guidance from joint working team, experts from the above groups have conducted research activities.

This book consists of nine chapters and describes the main outcome of the project over a three-year period. Ms. Li Liping, a senior research fellow of PRCEE, MEP, China, is responsible for the framework of this book. Chapter One introduces the background of the study, written by Li Liping, Zhao Jia, Keiko Kuroda (MOEJ) and Makoto Kato (OECC). Chapter Two explains the definition of co-benefits, written by Li Liping, Makoto Kato and Qiu Yizheng. Chapter Three provides an analysis of co-benefits policies, written by Li Liping, Makoto Kato and Qiu Yizheng. Chapter Four discusses technological choices for co-benefits, written by Akifumi Nishihata (PCKK), Jie Dong and Li Liping. Chapter Five discusses co-benefits evaluation methodology, written by Li Liping etc. Chapter Six reports the co-benefits assessment for Panzhihua City, written by Li Liping and Ji Haoyu (Environmental Monitoring Station of Panzhihua City). Chapter Seven presents the co-benefits evaluation for Xiangtan City, written by Jiang Pinghong, Li Liping, Liu Yigui (Environmental Protection Department of Hunan Province), Ma Chao, Xiang Renjun, Cheng Yingxiang, Jiang Pinghong. Liao Yong, Li Yuqing (Xiang Tan Environmental Protection Bureau) Chapter Eight evaluates and concludes the two case studies, written by Li Liping. Chapter Nine provides policy recommendations, written by Li Liping. The whole book was revised and finalized by Li Liping.

The project was conducted for a relatively long period of time, during which many people worked diligently, each of whom made a significant contribution. Dr. Wu Xianfeng (Director) from Division of Air Pollutants, Total Emission Control Department, MEP, China and Dr. Hiroaki Takiguchi (Director) and Keiko Kuroda (Chief) from International Cooperation Office, Environmental Management Bureau, MOEJ, provided us with detailed guidance and kind support in implementing the project and preparing this book. They also mapped out project plans and controlled the overall direction, participated in the field investigation with us and guided the capacity building programs. Director Wu has provided valuable suggestions for the report writing, drafted the investigation report and participated in the capacity building programs as a lecturer, give instructions to the outline of the report. In the initial stages and in the subsequent implementation periods, the Total Emission Control Department, MEP, China, the International Cooperation Department, MEP, China, the Science, Technology and Standards Department, MEP, China, and the Sino-Japan Friendship Center for Environmental Protection provided guidance and support. Prof. Ren Yong (Researcher, former Vice-Head of PRCEE) participated in project planning during the preliminary periods of the projects and offered influential opinions. Prof. Zhou Guomei (former Deputy Director, Institute of International Environmental Policies, PRCEE, and currently Vice-Head of the China-ASEAN Environmental Protection Cooperation Center) made a significant contribution during the preliminary periods of the projects as the former project leader from the Chinese side, and guided the methodology discussion and the case study for Panzhihua City. Currently, the leader of the project is Li Liping form Chinese side and Makoto Kato from Japanese side, who have participated in all the activities of the project and Li Liping acted as principal writers. Ren Chujun (Director General) and Hu Jianrong (Chief Engineer) from Environmental Protection Bureau of Panzhihua City, and Chang Tiejun(Director General), Liao Yong (Deputy Director General), Zhao Bo (Deputy Director General), Li Yuqing (Deputy Director), He Fengyan (stationmaster) and others from Environmental Protection Bureau of Xiangtan City assisted us greatly in many ways and worked directly for the success of the project. Zhang Xiaonan from Chinese Academy for Environmental Planning, MEP, China, Dr. Zou Yuanlong (Vice Chief Engineer), Dr. Wei Youquan and Yang Lishi (Director) from Environmental Protection Research and Design Institute of China Metallurgical Group, and Dr. Tang Zhipeng from Institute of Geographic Science and Natural Resources Research participated directly in the research studies and other related activities, offering valuable opinions and various suggestions. Tang Dingding, director of Sino-Japan Friendship Center for Environmental Protection, give instructions to the project design at the begining, and give help and surport to the case selection. Pei Xiaofei (Director, Department of Science, Technology and Standards, MEP), Prof. Xia Guang (Director), Prof. Yuan Qingdan (Deputy Director), Hu Tao (Professor), Tian Chunxiu (Professor), Dr. Yu Junjie, and Dr. Feng Xiangzhao from PRCEE, MEP, Gao Qingxian (Researcher, Chinese Research Academy for Environmental Sciences), Prof. Mao Xianqiang (Beijing Normal University), Dr. Eric Zusman (Institute for Global Environmental Strategies, IGES), and Prof. Zhou Zhangsheng (Ristumeikan University, Japan) provided valuable suggestions for the project as external experts. In addition, as project advisor, Hideaki Koyanagi (Director, Beijing Office of IGES) provided valuable advices. Keiko Kuroda and Takayuki Shigematsu from MOEJ, Yukinori Harada from OECC participated greatly to support project administration and capacity building activities. Zhao Jia, Liu Qian and Duan Yanfei from PRCEE also made great efforts in project coordination and the publication process. Ms. Yang Jilin (Editor, China Environmental Science Press) provided great help for the publishing of the book. For all the groups and individuals who helped and supported us in the project, we express our heartfelt thanks. We also hope the readers will provide precions suggestions for the book, which will be much appreciated.

Sino-Japan Joint Research Group for Pollutant Emissions Reduction and Co-Benefits<br>December 2011

# 1 Introduction

## 1.1 Background of the Study

### 1.1.1 International Background of the Study on Co-benefits

Stepping into the 21st century, challenges posed by aggravated air pollution and climate change and their impact on sustainable development, particularly for developing countries, have been gradually recognized by the international society. According to the assessment report of the Intergovernmental Panel on Climate Change (IPCC), the most optimistic estimate is that the average temperature will increase 1.8℃ to 4.0℃degrees by the end of this century if no measures are taken to stabilize the concentration of GHG in the atmosphere. The climate change will lead to the disappearance of sea ice, increasing frequencies of strong rainfall, reduction of water resources in the semi-dry region, and rise of sea level, etc. According to the report of the Stern Review on the Economics of Climate Change, the change in the climate may cause a loss of world output by 5% to 20% or more. The climate change will also create amiable conditions for the living, breeding and spreading of insects and pathogens, increasing the degree and scope of their prevalence, and may cause the outbreak of new communicable diseases. At the same time, local environmental issues such as air pollution, continue to be a serious challenge, especially in the context of developing countries. According to the United Nation Environment Programme (UNEP)①, more than one billion people are affected by outdoor air pollution each year. About 2% of the GDP is spent on urban air pollution control in developed countries, and 5% in developing countries. The rapid urbanization has caused more and more air pollution in major cities, especially in

---

① Source: http://www.unep.org/urban_environment/.

developing countries. More than 90% of the urban air pollution in these countries is caused by exhaust emissions from huge amounts of old and poorly maintained vehicles, inadequate infrastructure and fuels of low quality. Along with the increasing of population and economic activities, climate change and air pollution will be aggravated, which should be copped with by all the countries, particularly developing countries.

However, for a long time, either for scientific research or policy making and either in developed countries or developing countries, traditionally air quality control and climate change mitigation have always been treated as two distinct issues. Normally, air pollution control pay attentions to the conventional air pollutants or the matters that directly affects human respiration and environment, mainly including particulate matter (PM), ozone ($O_3$), $SO_2$, nitrogen oxides, heavy metals (i.e. Hg), etc., and will achieve the desired results shortly. While climate change mitigation focuses on GHG emissions reduction, mainly $CO_2$, and the effects will be received in a relatively long term and on a global scale.

The international discussion on the co-benefits approach started in March, 2000 when the Organization for Economic Co-operation and Development (OECD) and IPCC held the "International Workshop on Ancillary Benefits and Costs of GHG reduction" in Washington DC. It was the first trial identifying the connection between climate change mitigation measures and conventional air pollutant control, and the cost reduction resulting from the simultaneous implementation of two originally distinct strategies, etc. This trial has been carried on in the following assessment reports of the IPCC. Up to now, a comparatively very influential one was the Integrated Environmental Strategies (IES) Program launched by the US Environment Protection Agency (EPA) in a dozen countries.

Since then, more and more policy research findings have proved that, considering the origins, atmospheric process and the impacts on human or environment, controlling measures on conventional air pollutants and GHG are closely related, and they are interacting with each other. Based on different options, conventional air pollutants control may increase or decrease GHG emissions, and GHG emissions reduction may also increase or decrease conventional air pollutant discharge. That is a two-way interaction, and fossil fuels are their common source, as combustion of fossil fuels will produce not only GHG like $CO_2$, methane ($CH_4$), carbon monoxide (NO), but also conventional air pollutants like $SO_2$, Hg, nitrogen oxides, etc., of which some will interact in the air to form secondary pollutants like ozone, phosphate particulate, nitrate, and organic matters, etc. Some air pollutants will affect the circulation of GHG, while climate change will affect the discharge, transport, and chemical behaviors of air pollutants. The observation results and research findings for the last 150 years show that 13%~90% of all the GHG are formed from certain types of aerosol, which are from the air pollutant discharge. According to the Fourth Assessment Report of the IPCC, during the next 10 years to 20 years, compared to the baseline scenario, controlling measures for 10%~20% carbon emissions reduction will cause a decrease of 10%~20% of $SO_2$ discharge and 5%~10% of nitrogen oxides and PM discharge. On the other side, climate change mitigation measures may bring negative effects to pollution control, i.e. the increasing of diesel fuel will reduce $CO_2$ emissions, but will add additional PM discharges ($PM_{10}$ and $PM_{2.5}$; besides, in the whole life cycle, compared to the baseline scenario, the increasing of biological fuel will reduce $CO_2$ emissions, but will add additional discharges of nitrogen oxides and $PM_{10}$ (DEFRA 2007, UK, p.185). These research findings prove that climate change policy and pollution control policy should be considered as a whole.

With the further understanding on the mechanisms of GHG and conventional air pollutants, the co-benefits between them are becoming the international climate change negotiation context. The key issues of climate change negotiation are benefits between developed countries and developing countries. In the previous negotiation, it has been emphasized by the developed countries that climate change policy will help to control the air pollutions, bringing/emerging substantial benefits, and presented many research findings. while developing countries hardly acknowledge it just as substantial benefits. The concept of co-benefits is recognized as the realization of a low carbon society by adopting GHG emissions reduction measures should involve meeting development needs, to cope with climate change and pollution together in the process of achieving development objectives. This is an acceptable theme for developing countries which face severe environment pollution and need urgent economic and social development.

Additionally, the Bali Action Plan (BAP) adopted by COP 13 to the UNFCCC① in 2007 articulated Nationally Appropriate Mitigation Actions: NAMAs in developing countries as an important matter for consideration, and the Copenhagen Accord noted by COP15 in 2009 and the Cancun Agreement adopted by COP16 in 2010 further elaborated aspects of measurement, report, and verification of NAMAs.

Based on the above content, many developing countries set their mitigation target within their own development plan. In other words, these targets originate from a domestic discussion on how they can realize mitigation actions in achieving their own national development goal, rather than an isolated mitigation reduction target. In this sense, considerations on the co-benefits are becoming increasingly important, and will effectively promote the achievement of development benefits and GHG emission reduction.

### 1.1.2 Background of Study on the Co-benefits of Pollution Emission Reduction in China

In recent years, China experienced rapid economic growth, but it also paid huge costs due to resources consumption and environmental damage. The conflict between economic development and the resource environment is becoming increasingly severe, the general public response strongly to environmental pollution issues, China is facing great pressure for energy efficiency, emissions reduction and environmental protection. At the same time, environmental conditions in China are vulnerable, and are easily affected by climate change. Meanwhile, as a major country for energy production, consumption and GHG emissions, China attracted attention in the international climate change negotiations, and is expected to take further actions for a low carbon society development, which contributes to global climate change mitigation. In other words, environmental issues in China are characterized by their structure, compressibility and complexity, and they also have obvious global features; the environmental pressure faced by China includes the treatment of domestic environmental pollution, and also the mitigation of global climate change. Both the domestic and global environment pressures include natural pressure of a pure "environment threat" and a "threatening

① IPCC Climate Change 2007: Synthesis Report; chapter 11, page 76.

environment" caused by environmental issues themselves, and also include social pressure, such as the "Theory of Threat to the Environment", "Big Power's Responsibility Theory" and other livelihood issues triggered by environmental issues; the compulsory environmental obligation to undertake by China includes both the treatment of historical pollution emissions, and the control of current global environment issues. While natural pressure usually refers to environmental issues themselves with natural attributes, the pressure receptor here is the ecological environment in China. This type of pressure is usually linear and mono-directional, i.e., the impact of environmental problems on the Chinese ecological environment. Social pressure usually means international organizations, countries and social groups, etc., with social attributes, and the receptor of this pressure is China itself. This type of pressure is usually in a loop shape and is of the hedge type, i.e., the impact of the pressure subject on the receptor is multi-dimensional and multilateral, and the subject and receptor have an interaction and interrelationship. In a word, the environment pressure China is facing is a "dual pressure" jointly generated from front and back, from inside and outside, from international and domestic, and from the environment and the society.

The status of domestic environmental pollution in China is still very challenging, and natural and social pressures are continuing to increase. The emissions of $SO_2$, $N_2O$, COD, black carbon and aerosols, etc., of China rank top in the world. According to the Report on Environmental Conditions in China in 2010, surface water contamination in China is still very serious, and the seven major water systems (Yangtze River, Yellow River, Zhu River, Songhua River, Huai River, Hai River and Liao River) are slightly polluted in total. Among 408 state-monitored surface water sections in 203 rivers, the ratios of the river sections with a water quality of Grade I-III, Grade IV-V and poor Grade V are 57.3%, 24.3% and 18.4%, respectively. The main pollution indicators are permanganate index, $BOD_5$ and ammonia nitrogen. Air pollution in some cities is still quite severe; and although distribution region of acid rain throughout the country remains stable, acid rain contamination is still severe. Among the monitored 488 cities (counties), 258 cities had acid rain, accounting for 52.9%. The emergent environmental incidents showed an increasing trend. 156 cases of emergent environmental incidents were reported to MEP in 2010, decreasing by 8.78% compared to the previous year.

Among these, 5 cases were severe emergent environmental incidents, 41 cases were major environmental incidents, and 109 cases were ordinary cases. According to the Survey on Public Satisfaction towards Environmental Conditions conducted in the same year by MEP throughout the country, for the surrounding environmental conditions, 69.1% of urban respondents and 58.3% of rural respondents were "satisfied" or "comparatively satisfied"; for the improvement of environmental conditions, 75.3% of urban respondents and 60.1% of rural respondents were "satisfied" or "comparatively satisfied". Along with the increasing concern of the general public regarding environmental pollution status and awareness of the environment and health, environmental pollution has become an important issue of livelihood which affects social stability. Environmental issue has also become one of the focuses of complaints and appeals from the general public. When rational appeals for environmental rights cannot be addressed, they will trigger group incidents, becoming serious issues of livelihood and society.

The improvement of environmental quality requires the insurance of environment investment. Although we continuously increased environmental investment from the $7^{th}$ FYP to the $10^{th}$ FYP period, with 47.642 billion RMB for the $7^{th}$ FYP, 130.657 billion RMB for the $8^{th}$ FYP, 344.752 billion RMB for the $9^{th}$ FYP, and 700 billion RMB for the $10^{th}$ FYP, the current environmental investment is still not adequate for environmental pollution treatment. China Environment Federation used to initiate a big event soliciting opinions for environmental planning for the national $11^{th}$ FYP. According to the statistics altogether 4.12 million members of the general public attended the event, and more than 9.5% of the public suggested that environmental investment for the $11^{th}$ FYP should exceed that for the $10^{th}$ FYP which accounted for 1.3% of the GDP that period. While the questionnaire for experts showed that more than 95% of experts felt that environmental investment during the $11^{th}$ FYP should account for 1.5% or more of the GDP, and 69% of the experts suggested an additional increase of 0.4%～0.7%. According to the study conducted by the Chinese Academy for Environmental Planning, environmental investment in China in 2001 and 2002 reached the level of some OECD countries. For example, environmental investment in France and Sweden was 1.2% of their GDP. However, China and OECD countries are in different development stages for pollution control. China is in the preliminary stage for pollution treatment, and mixed environmental problems are prominent. Besides new environmental problems, the historical problems also need to be addressed. Therefore, it is required more investment in China.

The overall status of global environmental problems is still very grim, of which climate change is the most serious global environment issue. China is one of the countries that most affected by climate change pressure, and its social pressure is still very prominent. Global climate change will have a wide, far-reaching and complicated impact on the ecological system, agriculture, water resources, human health and the living environment, etc. Climate change brought new pressure on Chinese ecological construction and environmental protection. It is also one of the most important environmental issues China is facing currently. According to China's National Climate Change Programme, China experienced extreme climate disasters in 2009 and 2010. In 2009, a high temperature in summer and an unusually low temperature in winter attacked this country; in 2009—2010, the most severe and continuous drought in meteorological history occurred in the southwest. The abnormality, emergency and locality of disasters were very prominent, extreme events were frequent and severe, and also triggered other severe natural disasters, causing major loss of lives and economic loss. The report of the UNEP indicated that the climate change issue has not been substantially addressed, and the condition shows a worsening trend. According to the most optimistic estimates by IPCC, the global temperature will increase by 1.8～4.0 Celsius degrees in this century. China will be further affected by climate change and other global environment problems in future.

Climate change brought new pressure on ecological construction and environmental protection in China, and it is also one of the important environment issues China is facing. The global climate change accelerated drought in China, and the distribution of grasslands and deserts extends to the west and regions with high altitude. Grassland areas have been continuously shrinking, the speed of degradation is accelerating, and the wetland areas are also significantly decreasing. Within the content of climate change, the permafrost will experience overall and continuous degradation, having a great impact on the ecological environment, engineering environment and hydrology in rivers and lakes, etc., in permafrost regions, and will have major feedback effects on the climate in the Qinghai-Tibet Plateau; the biodiversity will decrease, while species migration and extinction will obviously increase. The global climate change, pollutant discharge and urban heat island effects, etc., increased the concentration of aerosols in the air, and extreme meteorological environment incidents such as fog, haze, acid rain and photochemical smog showed an increasing and intensifying trend. In a word, climate change, environmental pollution and ecological degradation are interacting with one another, generating rather complicated and mixed environmental problems, which made it even harder for China to protect the environment.

On the other hand, the pressure of GHG emissions reduction for China has been increasing in recent years due to the rapid economic development and rapid increase of $CO_2$ emission. In the last three decades or more, with rapid and continuous economic growth and rapid increase of energy consumption demand, China has become one of the major countries in the world for GHG emissions. According to the statistics data of the International Energy Agency (IEA), $CO_2$ emissions from fossil fuel combustion in China was 6.071 billion tons in 2007, accounting for 21% of the total global emission; the per capita emission level was 4.58 tons $CO_2$ per capita, equivalent to 42% of OECD countries and 24% of the U.S., but exceeded the average world level. In the international climate change negotiation, the above facts bring huge pressure to developing countries which led by China. During the discussion of the UNFCCC, developed countries such as the U.S. are pushing China to take compulsory measures to reduce GHG emissions to binding targets. With the active promotion of developed countries, the Bali Action Plan (BAP) adopted by the COP 13 to the UNFCCC in 2007 has already involved the developing countries, which clearly stated that developing countries should take actions for climate change mitigation with their technology, finance, and capacity building supports, and these mitigation actions should be measured, reported, and verified. Though the Bali Action Plan indicated that developing countries have the obligations to reduce GHG emissions, the specific target, process, and assessment procedure have not been finalized. In the international climate change negotiation, China has been at the forefront of the discussion.

China has given special attention to domestic environmental pollution control and global environmental protection, making environmental protection part of its basic national policy, and proposed the slogan "making joint efforts to take good care of our planet". It emphasizes to accelerate the establishment of a resource-saving and environment friendly society, improve ecological civilization, proactively address climate change, vigorously develop a circular economy, strengthen resource-saving and management, intensify environmental protection, strengthen the establishment of systems for ecological conservation and disaster prevention & relief, and improve the capacity for sustainable development. In the 11$^{th}$ FYP outline for national economic and social development, two binding indicators for energy and environment were put forward: to reduce 20% of unit GDP energy consumption, and to reduce 10% of the total emissions of $SO_2$, COD and other main pollutants based on that of the 10$^{th}$ FYP. It is also proposed that effective results should be achieved for GHG emissions control during the 11$^{th}$ FYP period. In the 11$^{th}$ FYP plan, the establishment of a resource-saving and environment-friendly society was for the first time identified as a strategic task in mid-term and long term for national economic and social development. In December, 2007, the Wuhan Urban Circle and Changsha-Zhuzhou-Xiangtan City Cluster were officially approved by the state as comprehensive reform pilot zones in the country for the establishment of a resource-saving and environment-friendly society.

Against the above background, the Ministry of Environmental Protection of the P.R.C. and the Ministry of the Environment, Japan jointly signed a "Statement on Joint Implementation of Co-Benefits Study and Demonstration Project" (hereafter, "the Statement") at the Sino-Japan high-level economic dialogue in December 2007. It is mentioned in Article 3 of the "Sino-Japan Joint Communiqué on the Promotion of Cooperation in the Field of Environment and Energy" which was signed by the Governments of China and Japan on 28 December 2007 that "both parties support a joint study and demonstration project for the co-benefits of pollution emissions reduction and GHG", and the cooperation project was reemphasized. Therefore, the Statement was officially initiated on April 14th, 2008, and this book is the main outcome of the project.

## 1.2 Significance of the Study

Energy conservation and GHG emissions reduction are substantially consistent with the related policy requirements and basic strategies for the emissions reduction of local pollutants, therefore, the initiation of the project on the co-benefits between air pollution control and GHG emissions reduction, and overall consideration of resource-saving and environmental protection can reduce the implementation costs for one aspect of the tasks, and utmost avoid the establishment of policy measures which save energy without reducing emission or reduce emission without saving energy. It is of great significance for the successful realization of the goals for the $12^{th}$ FYP and the reduction of pollutants cost-effectively.

### 1.2.1 Considerations on Co-benefits Can Reduce Policy Implementation Costs

More and more international experience and evidence have proved that cost will be reduced significantly with the constant total benefit if climate change and air pollution control strategies are considered together. The Canadian policies aiming to control GHG have generated remarkable co-benefits effects in the control of local pollutants: Six measures were adopted to control $CO_2$ emissions, which are: to raise the standard for the fuel efficiency of motor vehicles, to increase the fuel tax, to encourage the development of public transportation, to switch fuels in the power industry, to increase the ratio of new energy, and to increase the household and commercial energy efficiency. With these measures, it was estimated that 68 million tons of $CO_2$ could be reduced by year 2010 (accounting for 9% of the total $CO_2$ emission in 2010). Meanwhile, these measures also significantly reduced various air pollutants: emissions of 220,000 tons of $SO_2$ and 140,000 tons of $NO_x$ were reduced, and a cumulative economic loss of $1.2 billion was avoided. For USEPA, the GHG emissions reduction measures have saved $500 million on the $SO_2$ control costs in 2010. In order to achieve the targets for GHG emissions reduction set in the Kyoto Protocol of UNFCCC, the European countries adopted certain measures, such as changing the energy structure, etc., and these measures were able to save about 40% of the control costs for air pollution. The China Annual Report issued by the UNDP in 2010 proved that low carbon development will eventually reduce the emission of $SO_2$, $NO_x$ and particulates without any additional costs. With the achievement of existing targets for environmental air quality, simultaneous climate-friendly measures will further reduce the costs for air pollution control. If taking an effective framework for both air pollution control and GHG emissions reduction, China can save half of the costs for air pollution control while reducing 8% of GHG emissions. According to the study by China Renmin University, to achieve the target of reducing 45% of carbon emissions by 2020 based on the year 2005, an additional \$30 billion is needed each year for investment in the coming decade in China, which is equivalent to that each Chinese household should pay \$64 more each year. This demand for technical and financial support is doubtlessly huge in order to achieve such an enormous target for emissions reduction. China needs to pay even more if calculating the potential macro economic loss, unemployment costs in certain industries, and higher living costs for the poor and disadvantaged groups due to the new commitment. Besides this, the preliminary calculation using the DRC-CGE model from the State Council Development Center indicates that the energy conservation and emissions reduction through co-benefits control can save at least 100 billion RMB of total social costs compared with end of pipe control. Some of these additional costs will be replaced by the fund for pollutant emissions reduction, and reduce the costs for GHG emissions reduction alone if the co-benefits are taken into consideration. That is to say, the consideration of co-benefits will simultaneously control global GHG and local pollutants, which can optimize resource allocation, achieve minimization of total control costs, and cost-effectively achieve the effects of 1+1<2.

### 1.2.2 Considerations on Co-benefits Can Avoid Risks of Losing Policy Effects

The fact of saving energy without reducing emissions and reducing emissions without saving energy does exist objectively. In the existing environment policy system, the reduction of conventional pollutants and GHG reduction could benefit each other and also conflict with each other. Pollution may become the bottleneck of the development of the energy efficiency industry, while the energy consumption issue is also the main reason why pollution emissions reduction facilities cannot operate normally. For example, from the perspective of sustainable development, there are some conflicts between the two management targets or policies for the reduction of conventional pollutants and energy efficiency or GHG reduction. To be more specific, the installation of desulphurization devices in coal-fired power plants will help achieving environmental objectives, but the energy consumption for the operation of desulphurization devices will increase the emissions of GHG. Supposing the power consumption for reducing each ton of $SO_2$ is 100～5,000 kWh, and the annual desulphurization volume from power plants throughout the country is about 10 million tons (a conservative estimation), then the power consumption is at least 1 billion-50 billion kWh (the annual power generation at Three Gorges is about 50 billion kWh), thus these power supplies will inevitably cause a huge amount of GHG emissions if they are not based on clean energy; On the other hand, in the national policies and specific measures for climate change mitigation, energy efficiency lamps, solar energy and other renewable energy are promoted as important measures and methods to reduce GHG. Solar energy is one of the low carbon energy, thus developing solar energy and promoting energy efficiency lamps are indeed important. However they may carry the risk of severe pollution. As an important industrial raw material for the development of solar energy industry, polysilicon is a heavy contaminant, while the side product of polysilicon manufacturing, silicon tetrachloride, is also a very corrosive, toxic and hazardous liquid. Currently, in domestic manufacturing plants for polysilicon, the technologies used result in a low gas recovery rate, heavy pollution and high energy consumption in the production process. Besides this, due to the high costs for recycling this type of substance, most solar energy plants in China are not equipped with or not completely equipped with relevant recycling devices. It is estimated that the output of polysilicon will expand to 20,000 tons by 2010 with the continuous development of the solar energy industry in China, and the output of silicon tetrachloride will reach 160,000 tons considering 8,000 tons of silicon tetrachloride is generated per 1,000 tons of polysilicon. This will bring enormous potential risks to environmental protection. Take energy efficient lamps as another example - they can cause severe mercury contamination problems in the ecological environment if not handled properly. According to experts, one common energy efficient lamp contains about 5mg of mercury, but it can contaminate 180 ton of water after penetrating into underground water. As mercury has a low boiling point, it can evaporate at room temperature. If the discarded energy efficient lamps are broken, it will make mercury concentrated in the ambient environment that the concentration exceeds the standard by 100 times. A human being can die if 2.5g of mercury vapor is inhaled at one time. According to incomplete statistics, discarded mercury-containing lights in our country in 2006 were equivalent to 1 billion of 40W standard fluorescent lamps, and the mercury released to the ambient environment was 70～80 tons due to inappropriate disposal. Over the years, China has promoted as many as 200 million energy efficient lamps, however, our recycling system for obsolete energy efficient lamps is still nonexistent. It means that hundreds of millions of energy efficient lamps may have been treated as ordinary domestic waste after used, and have become potential killers for the ecology. If the co-benefits between pollutant control and GHG emissions reduction are not taken into considerations, the two policies may conflict with each other potentially. Besides the increasing costs, the effects of two policies may offset each other. From the perspective of pollutant emissions reduction, any process will consume energy, which is the main part of operation costs. However, different pollution treatment technologies may consume different amounts of energy resources. In a word, low GHG emissions conflict with low pollution emissions under certain circumstances, and the conflict of the two policies and risks of policy implementation will be avoided only when pollutant control and GHG emissions reduction are considered as a whole.

### 1.2.3 Considerations on Co-benefits Can Generate Extra Benefits

It has been pointed out in many documents that when using a combination of technologies or policy plans to simultaneously address two issues, and considering the co-benefits and avoiding tradeoffs, the costs could be potentially reduced and extra benefits could be increased (AR4WGIII). The extra benefits mainly involve the following aspects: beneficial human health, reduced pollutant discharge, less waste, reduced operation costs, and improved working environment, etc. From the perspective of human health, through the implementation of related co-benefits measures for the reduction of pollutants and GHG, the number of patients will be reduced, sick leave days will be cut, the incidence of acute or chronic respiratory diseases will decrease, and the expected lifespan will be lengthened. Although there are disagreements regarding the assessment for monetized health effects, with extra benefits ranging between \$2 and \$100 per ton $CO_2$ emissions reduction, all the related studies indicate one common fact: the extra benefits for human health are very prominent. The case study for co-benefits in Shanghai conducted by the Shanghai Research Institute for Environmental Sciences indicated that, 1,265～11,130 mortality cases will be avoided in Shanghai by the year 2020 due to the change of $PM_{10}$ concentration if proactive control policies of co-benefits are implemented, for example, replacing fuels, improving energy efficiency and setting quota restrictions on $SO_2$ emissions. Also, a potential economic benefit of $327 million～2,884 million will be achieved. From the perspective of environmental improvement, through implementation of related co-benefits measures for the reduction of pollutants and GHG, dust, $NO_x$, sulfur oxide, etc., can be reduced, and environmental treatment costs will be decreased. According to the study on environmental conditions of Beijing by Qinghua University, if co-benefits control policies are actively implemented, for example, by using clean energy, adjusting industrial structure, improving energy efficiency, or advocating green transportation, about 185,000 tons of $SO_2$, 415,000 tons of $NO_x$ and 56,000 tons of $PM_{10}$ will be reduced in Beijing by the year 2010. Meanwhile, 25.9 million tons of energy demand will be reduced. Besides this, implementation of these measures will reduce the use of raw materials and reduce the generation of waste water, therefore decreasing the costs for cleaning up the wastes and promoting the utilization of discarded fuels, waste heat and waste gas.

Actively considering the co-benefits effects during conducting pollution control measures could not only effectively address the domestic pollution emission issue but also reduce or control the emissions of GHG, and achieve synergetic control of pollutants and GHG. This optimized allocation can bring win-win effects of both reducing pollutants and controlling GHG emissions.

China has effectively controlled pollutants during the $11^{th}$ FYP by adopting emission reduction measures in structure, engineering and management, etc. The discharge of $SO_2$ and COD in China in 2010 dropped by 14.29% and 12.45% respectively based on the year 2005. Binding targets were set in the $12^{th}$ FYP Outline for National Economic and Social Development which was issued in March, 2011: "By the year 2015, the share of non-fossil fuel energy in primary energy consumption should reach 11.4%; unit GDP energy consumption should decrease by 16%, and unit GDP $CO_2$ emission should decrease by 17%; the discharge volume of main pollutants will decrease significantly; the discharge of COD and $SO_2$ will decrease by 8%, respectively; the discharge of ammonia nitrogen and $NO_x$ will decrease by 10%, respectively", etc. In order to successfully achieve several binding targets for these pollutants during the 12th FYP period and achieve synergetic control on $SO_2$, $NO_x$ and $CO_2$, scientific summarization on the co-benefits between pollutant control and GHG emissions reduction in the 11th FYP is very necessary and significant.

## 1.3 Literature Review

The earliest study on co-benefits between air pollutant and GHG began with the research paper titled as "The Greenhouse Effect: Damages, Costs and Abatement" which was written by Robert U. Ayres and Jorg Walter in 1991. From then to early 21st century, the study objects for co-benefits basically were developed countries, such as U.S., Norway, Germany, U.K., Canada, Finland, Belgium, etc., while from the 21st century, increasing studies have focused on developing countries, mainly including China, Mexico, India, Chile, Brazil, etc. For those studies based on industries, power industry was a hot topic, and studies on other industries were rare.

The existing studies on co-benefits by the international society can be classified into three categories: the first is the study of the mechanism of co-benefits of GHG and conventional air pollutants; the second is the study of the methodologies for assessing co-benefits; the third is the study of the assessment of co-benefits.

### 1.3.1 Study on the Mechanism of the Co-benefits of GHG and Conventional Pollutants

Related scientific studies have shown that GHG and conventional pollutants interact with each other in the atmosphere. According to a research report by the Stockholm Environment Institute (SEI), the global climate change is attributed to the accumulation of $CO_2$ and other GHG in the atmosphere over the last 150 years, while 40% of the potential heat effects caused by average GHG are offset by some aerosols (or the mixture of aerosols with clouds), as aerosols can increase the reflection of sunlight. Figure 1-1 shows that the strength of radioactive forcing of aerosols (temperature raising function of black carbon and the cooling effects of aerosols) may be much higher than the value reported in IPCC-AR4 (2007). It indicates that it is very important to incorporate the role of air pollution into global warming.

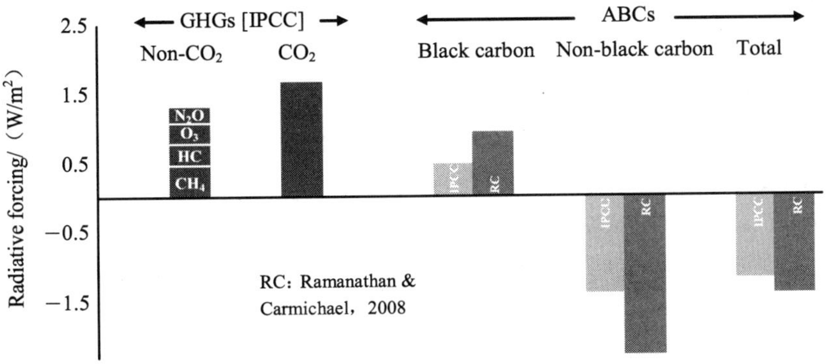


Figure 1-1 Global Radiative Forcing of GHG Corresponding ABC

(Source: Ramanathan and Feng, 2008)

Besides this, OECD illustrated in detail the interaction between GHG and conventional air pollutants with a diagram, and also summarized the routes of how conventional air pollutants affected the ecological environment, the yield of farm crops and human health (see Figure 1-2). The study shows that indoor air pollution and black carbon have huge negative effects on human health. Sulfur oxide ($SO_2$, $SO_3$ and the mixture of the two: $SO_x$), sulphate and suspended particles have negative impacts on human health, and can cause the loss of building materials and acidify the ecological environment. The emission of $NO_x$ is caused by ozone (harmful to health); nitrate and suspended particles can damage people's health (for example: respiratory disease, cancer); the yield reduction of farm crops is attributed to ozone, acidification and nitrification of the ecological environment.

Ground ozone and black carbon aerosols which are factors of climate change are also air pollutants (as methane is the precursor of ozone). Ozone can affect the output of crops, thus causing food crises and human health problems. The greatest concern is that ozone is the third most important GHG (Prather et al., 2001)[①]. Black carbon is the key

① Although ozone has the property of warming radiation, it is not incorporated in the Kyoto Protocol, perhaps because it is an indirect pollutant - it is formed through chemical reaction with other direct pollutants in the atmosphere.

component of suspended particles. It mainly leads to health impact through air pollution, causing the premature death of hundreds of thousands of people every year. Compared with $CO_2$, these substances have a shorter stay in the atmosphere: ozone and black carbon stay for a few days or several weeks, and methane stays for ten years. Emergent measures to reduce their concentration in the air can improve air quality (reduce the risk for health and crop output), and relatively accelerate greenhouse effects in a short period of time (SEI).

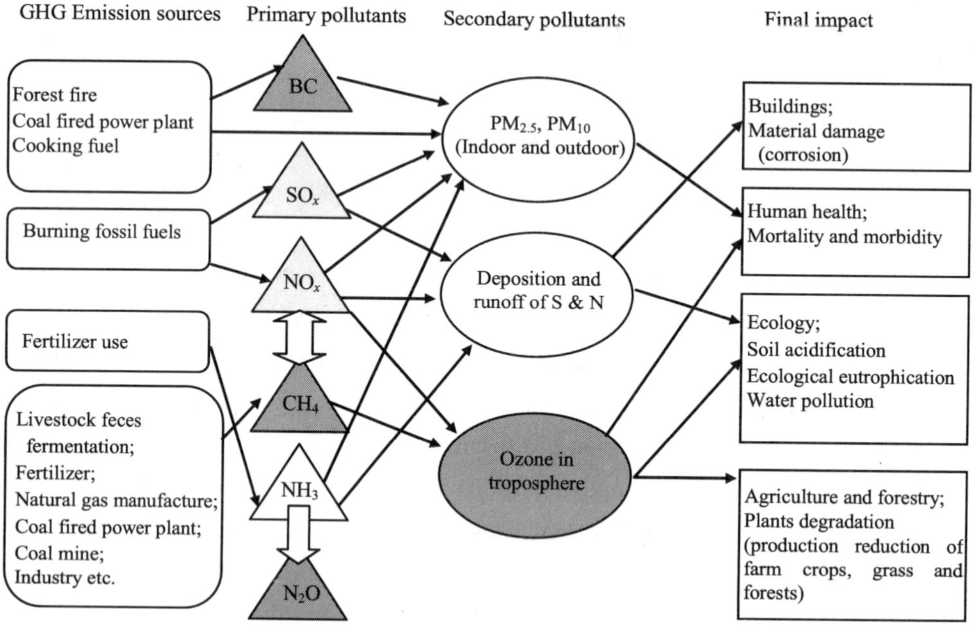


Notes: Gas in dark color has positive effects on temperature raise, while gas in light color has negative effects. The white arrows indicate the important interactions within the pollutants. Primary pollutants are discharged directly into the air, and secondary pollutants are formed in the chemical and photochemical reactions by primary pollutants. BC stands for black carbon.

Figure 1-2 Pollution Route

(Source: OECD)

## 1.3.2 Methodology for the Assessment of Co-benefits

Many quantitative studies on co-benefits, including the assessment study mentioned in IPCC AR4, used different targets and methods. Among these several main models developed, two of them are widely used: one is the GHG- Air Pollution Interaction and Synergies (GAINS) developed by the International Institute for Applied Systems Analysis (IIASA), the other is the Integrated Environmental Strategies (IES) developed by US EPA.

**(1) GHG- Air Pollution Interaction and Synergies (GAINS)**

The GAINS model seeks the most cost-effective way to simultaneously reduce the emissions of GHG and conventional air pollutants. With the future plan for economic activities that has been provided, the model simulates the emission scenario of all the main air pollutants. The model estimates the potential and costs of emissions reduction, taking into account the interaction of emissions reduction of various pollutants (Klaassen et al., 2004). In essence, the GAINS model keeps track on pollutants based on the driving force of pollutant generation (i.e., economic activities such as energy consumption, agricultural production, industrial activity, etc.), taking into account the characteristics of pollutants from specific regions and sources. It analyzes emissions reduction potential and estimates related costs by applying various technical and non-technical measures, simulates the process of pollutant accumulation and dispersion in the air, and calculates the indicators affecting human health, the ecological system and GHG emissions. Besides $SO_2$, $NO_x$, $PM_{2.5}$, $PM_{10}$, $NH_3$,VOC, the GAINS model also takes $CO_2$, $CH_4$, $N_2O$, $CFC_s$, $HFC_s$, $SF_6$ and other GHG into account. Combining the global warming potential stipulated in the Kyoto Protocol, it model-based quantitatively assesses the health impact from $PM_{2.5}$, ground ozone, deposition of excessively acid compounds (sulphur and nitrogen), and excessive nitrogen in the ecological system, etc.

The GAINS model has been applied in Europe, China and India. It supported economic statistics, energy and agricultural planning, emission inventory and other projects in more than 42 countries in Europe, 32 administrative regions (provinces) in China and 23 states in India.

The GAINS model has been applied to targets set for the year 2030 - the targets provided for energy consumption, and industrial and agricultural activities, are used as the economic drive for emission targets. Based on the predictions for these activities, the GAINS model provided 160 options for $CO_2$ emission reduction, 28 options for methane emission, 18 options for $N_2O$ and 22 options for fluorine-containing gases (Klaassen et al., 2005, Höglund-Isaksson and Mechler, 2005, Winiwarter, 2005, Tohka, 2005). The model contains more than 1,500 types of emission control measures for air pollutants ($SO_2$, $NO_x$, PM, $NH_3$, VOC)(Cofala and Syri, 1998a, Cofala and Syri, 1998b, Klimont et al., 2000, Klimont et al., 2002). The model quantified and analyzed the emissions reduction potential and related costs of each option for each pollutant source.

$PM_{2.5}$ is formed as thc primary emission of particles and as the secondary products of $SO_2$, $NO_x$ and ammonia. The GAINS model can quantify and analyze the health impact of $PM_{2.5}$ on human beings when exposed. As indicators for health impact, based on long-term study over decades on humans exposed to different $PM_{2.5}$ by international epidemiologists (e.g., Pope et al., 2002), the assessment of the model can quantify the loss of average life span (Mechler et al., 2002).

The GAINS model can be used for different purposes. As a data bank, it provides activity data and control strategies for future scenarios. As an emission model, it assesses the emission volume and costs generated from current and future policies for air quality. The GAINS model can calculate the reduction of environmental impact due to a policy change for air pollution as it is derived from an air dispersion model. Besides this, an optimized module of the GAINS model can be used to search for a series of cost-effective control measures, in order to achieve the environmental targets within a certain period of time. These environmental targets can be defined in terms of emission or impact, for example, the expected shortening of lifespan due to exposure to $PM_{2.5}$.

**(2) The Project of Integrated Environmental Strategies (IES) by US EPA**

Another methodology applied in many Asian and Latin American countries for assessing GHG, air pollution and other co-benefits is the project of IES developed by USEPA in 1998. IES is designed to provide a framework and related models and tools to different levels in local areas, large urban areas or countries, etc. It has been applied for the co-benefits of quantified environment (including air quality and GHG), public health and economic aspects by the implementing countries.

Different from GAINS, IES is not a model, but a framework to analyze co-benefits which combine necessary models and tools. The procedure of the IES framework includes the establishment of project teams, energy development/emission scenarios, calculation of air concentration, quantification of public health impact, assessment of economic values of health benefits, ranking of different measures and outcomes, and implementation of measures, etc.

### 1.3.3 Study on the Assessment of Co-benefits

Some studies have been conducted for the assessment of the co-benefits of GHG and conventional pollutants. For example, the Canadian case, Beijing case, Shanghai case, etc., as mentioned above. Besides this, they also include the following:

The Research Center for Environmental and Economic Policy of the Ministry of Environmental Protection of the P.R.C. (MEP) conducted studies on the co-benefits for the environment of the West-East Gas Transmission Project, which is a major energy project. The findings show that: as the major project for energy structure adjustment and improvement, the West-East Gas Transmission Project can significantly reduce $CO_2$ and other GHG while remarkably reducing $SO_2$ and other air pollutants. It has prominent environmental co-benefits effects, and the effects will gradually increase with the expansion of gas supply. To be specific, during the year 2003—2020, the cumulative emissions reduction of $SO_2$ will be 3.12 million tons, and the reduction of $CO_2$ will be 34.75million tons. Compared with the normal scenario (BAU) without West-East Gas Transmission, the emissions reduction rates will be 40.5% and 17.9%, respectively. The emissions reduction of $SO_2$ by the year 2010 and 2020 will be about 160,000 tons and 310,000 tons, respectively, 39.9% and 43.5% less compared with the BAU scenario. Meanwhile, 1.76 million tons and 3.51million tons of $CO_2$ emissions will be reduced respectively, 17.6% and 19.3% less compared with the BAU scenario. Regarding to involved sectors, the power sector is the most affected and with the biggest co-benefits effects, accounting for 96% of the total co-benefits effects.

Yeora Chae (2010) assessed the co-benefits of the Seoul Air Quality Management Plan and $CO_2$ emissions control measures. The study analyzed the emissions reduction and cost estimates for $NO_x$、 $PM_{10}$ and $CO_2$, and quantified and assessed various measures for the emissions reduction of air pollutants and GHG. It calculated the emissions reduction volume of $NO_x$, $PM_{10}$ and $CO_2$ as the result of various measures by using emission factors, integrated each unit cost for emissions reduction, and compared the cost efficiency of each measure. The final research findings show that an integrated environment strategy may generate 10.3Mt of $CO_2$ emissions reduction compared with the BAU of 2014, surpassing the target for $CO_2$ emissions reduction, and will also achieve the goal of air quality improvement.

Petter Tollerfsen et al.(2009)applied the RAINS model to study on European air pollution policy, based on the related emission volume and climate change scenario prior to the year 2030. He assessed the loss costs of climate caused by air pollutants, and calculated the co-benefits of air pollutants emissions reduction and GHG reduction. About 2.5 billion Euros of efficiency gains can be achieved if the goal of preventing climate change is incorporated into air pollution control policy. It reduces 7% of the loss compared with the most ideal emissions reduction measures. Besides this, the emissions reduction of $CH_4$ in the civil and agricultural sectors will increase by 109%, and in industrial processing sector that will increase by 25%. Especially in the transportation sector, besides $CH_4$, the emissions reduction of $PM_{2.5}$ will increase by 23%; black carbon 34%; OC 13%; and $NO_x$ 8%. Besides this, the emission reduction of $NO_x$ in power plants will increase by 32%, and the emissions reduction of VOC from industrial processing will increase by 15%.

Another research finding on climate policy and avoidance of air pollution control costs in western European countries (Nathan Rive, 2009) indicated that: the emissions reduction of $CO_2$ may be accompanied by the emissions of air pollutants, for example, PM, $SO_2$, and $NO_x$. Therefore, the demand for end-of-pipe technologies may be reduced in order to achieve air quality targets. This will make it more feasible to develop more stringent policies for air quality goals and climate management. The CGE model was applied in this study, and with its modification, the emission volume of PM, $SO_2$ and $NO_x$ at stationary pollution sources in the EU`s17 countries and end-of-pipe emissions reduction volume were incorporated. The scenario is simulated by the year 2020 in order to assess simultaneous policies for air quality and climate change. The study shows that the social benefit costs for pollutant control will decrease by 16% compared with baseline, reducing 15% of the $CO_2$ emissions reduction costs when the targets of the Kyoto Protocol are achieved in 2010.

In the study conducted by Bollen et al. (2009), the assumption was made that all the countries adopted joint actions to completely reduce local air pollutants, and in this scenario, local air pollution control policies could substantially reduce the emissions of GHG. Even if some countries do not participate in the international agreement for climate change mitigation, they could still achieve a huge amount of GHG emissions reduction with the ancillary effects of control policies for local pollution control if they set up a goal to completely reduce local pollutants. Because simply using the end-of-pipe measures (ineffective for GHG emissions reduction) cannot achieve the ambitious goal of emissions reduction of local air pollutants, energy efficiency must be increased which will produce prominent effects for GHG reduction.

### 1.3.4 Summary of Literature Review on Co-benefits

The following features are evident from the above mentioned comprehensive review of literature on the co-benefits of pollutant emissions reduction and GHG reduction: (1) With regard to the direction of the studies, more studies focused on the co-benefits effect of GHG reduction measures on conventional pollutant reduction, while relatively few studies were about the co-benefits of conventional pollutants reduction measures on GHG reduction; (2) With regard to the attributes of the studies, mainly health benefits, costs and other issues were studied regarding the co-benefits of conventional pollutants reduction measures on GHG reduction, and there were more studies on monetized co-benefits, few studies about the impact on conventional pollutants, that is to say, few studies were about material co-benefits; (3) With regard to the targets of the studies, few studies targeted China specifically; (4) With regard to the methods for the studies, most used models for simulation, and few had specific calculations. The varied factors and standards for the quantified damage from different localities resulted in a large discrepancy in the quantified results, so they cannot be compared, and the methodologies themselves are not quite mature; (5) With regard to the application of the studies, most were merely for scientific research, and few were used for policy recommendation and policy-making.

## 1.4 Focus of the Study

Considering the close connection between the international and domestic background (especially climate change, GHG emission and domestic environment pollution control, total emissions control) and their significance, it has been realized that pollution emissions reduction is an important action for China's environmental protection work during the 11$^{th}$ FYP, and the action had important co-benefits effects on the reduction of GHG emissions in China. The main purpose of the Sino-Japan Demonstration Project for the Study of Pollutant Emissions Reduction and Co-benefits was to implement the "Letter of Intent" signed by "both sides" to combine the management of domestic environmental pollution issues with climate change mitigation, and to provide policy recommendations for the effective coordination of domestic environmental policy with climate change policy. The specific purposes cover three levels:

At the macro level: to develop methods for assessing the co-benefits effect between total pollution control and GHG emissions reduction; to initiate studies on assessing the co-benefits in pilot cities during the 11$^{th}$ FYP period; to summarize and disseminate experiences of pilot cities, and provide policy recommendations to the Chinese government.

At the pilot city level: to improve the overall environmental management level in pilot cities through strengthening technical exchanges and capacity training, participating in this Sino-Japan joint project on co-benefits.

At the micro enterprise and technique level: to select specific sites with comprehensive utilization of sintering, waste heat and pressure, etc., initiate technical training and dialogue on environmental management, and develop several representative clean development mechanism (CDM) projects.

In a word, the project has been conducted to elaborate and answer the following questions: What are the co-benefits of the pollution emissions reduction measures for the 11$^{th}$ FYP in pilot cities to global climate change mitigation? How about the magnitude of their contributions? What are the main sources of these effects? This report is the main output of the macro-level study.

## 1.5 Technical Roadmap and Content Structure

The main method for this project was quantitative study, meanwhile a combination of case study, policy analysis, and comparative study, etc., were adapted.

As to the specific technical route, based on the background and connotation of co-benefits, the study reviewed, streamlined and comprehensively analyzed the existing research findings of the interaction between GHG reduction and improvement of local environmental quality. Meanwhile, it assessed and analyzed the existing international and domestic policies for climate change and pollution control, described and introduced, in detail, the related technologies for co-benefits, then proposed methods for the co-benefits assessment. Specific quantified assessment and calculation were conducted for two pilot cities, Panzhihua City and Xiangtan City, as demonstration cases. In the end, the results of the assessment of co-benefits in pilot cities were concluded through analysis, and policy recommendations were proposed. The whole technical roadmap can be shown within Figure 1-3.

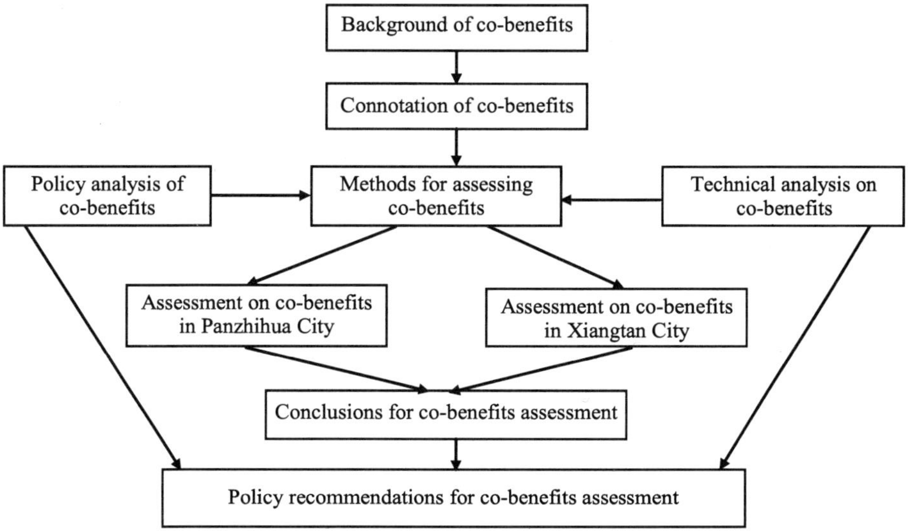


Figure 1-3 Technical Roadmap

The whole book consists of nine chapters, and explores the theories, methods, practices and policy significance of co-benefits. Chapter One introduces the background of the study, significance of co-benefits assessment, comprehensive review of literature and goals. Chapter Two explains the definition of co-benefits and proposes the direction and connotation of co-benefits assessment of this project. Chapter Three provides an analysis of co-benefits policies. Chapter Four discusses technological choices for co-benefits, assesses and analyzes the existing co-benefits technology for power, iron and steel, cement and other different industries. Chapter Five discusses co-benefits evaluation methodology. Chapter Six is a report on the co-benefits assessment for Panzhihua City. Chapter Seven presents the co-benefits evaluation for Xiangtan City. Chapter Eight analyzes the evaluations of the two case studies to reach a conclusion. Chapter Nine provides policy suggestions.

# 2 Concept of Co-benefits

## 2.1 Literature Review on the Concept of Co-benefits

The concept of "co-benefits" was originally known as a physical and chemical phenomenon, and also called a synergistic effect, which refers to an effect arising between two or more components that produce an effect greater than the sum of their individual effects. The synergistic effect has been widely used for guiding the combination of the components of chemical products, to seek an enhanced performance of final products. The German physicist Hermann Haken put forward the concept of synergy in 1971. He discussed the theory of synergy systematically in 1976, and published Introduction of Synergetics and other works. According to the theory, each system in the environment is interacting and inter-influencing with other systems. In fact, synergy effects have been applied in the areas of medicine, aquaculture, education, military, commerce, personnel management, media and many other natural and social sectors. It has been used either directly for physical and chemical reaction, or indirectly as the concept of co-benefits. For example, H. Igor Ansoff, an American scientist for strategic management, introduced the concept of synergy into the field of enterprise management in the 60s of the 20$^{th}$ century, and the theory of synergy became the theoretical and important basis for enterprises to adopt diversified strategies. Prof. Ansoff first introduced the concept of synergistic strategy to company managers in 1965. He believed that synergistic strategy, just like a bond, could link the diversified businesses of the company, i.e., enterprises could effectively allocate production elements, business units and environmental conditions through rational arrangement for sales, operation, investment and management strategies, to achieve synergistic effects similar to incremental income. Thus, the company could make full use of existing advantages, and explore new space for development. The synergistic effects of enterprises mainly include operational synergy effects, management synergy effects and financial synergy effects. The main origins of the synergy effect have three aspects: economy of scope, economy of scale, and business process /optimization of structures or restructuring. Prof. Andrew Campbell, together with other writers, described this concept in his work Strategic Synergy as the following: to put it generally, synergy effects are equal to "getting a free ride".

The concept of co-benefits was gradually brought into the field of climate change along with the development of academic and policy studies, as well as the increasing intensity of international climate change negotiation. The term "co-benefits" was used for the first time in the third assessment report (TAR) of IPCC in 2001. Co-benefits were defined as the following: "the benefits from policy options implemented for various reasons at the same time, including the mitigation of climate change." This definition seems to have been achieved with certain priorities in the relevant policies, including both GHG[①] reduction and air pollution, etc., while "ancillary benefits", according to OECD and IPCC, implies there are main and intended benefits to be achieved, and associated benefits are thought to be brought about as a matter of coincidence. Ancillary benefits can also be recognized in other sections[②].

Since then, some countries or international organizations all initiated studies and activities related to co-benefits. The corresponding English word for "synergy effects" has been "co-benefits", but with a different connotation. OECD believes that: "co-benefit" refers to the part which impact has been taken into account in the GHG reduction policies and has monetized. It is pointed out in the Integrated Environment

---

① GHG: The following six types of gases were regarded as the targets for emission reduction in [Kyoto Protocol] :$CO_2$, $CH_4$, $N_2O$,HFCs, PFCs, $SF_6$.

② IPCC AR4-Comprehensive report in Chinese, Page 79. IPCC ar4-wg3-7 Page 484.

Original English version: The TAR explained that 'Co-benefits are the benefits from policy options implemented for various reasons at the same time, acknowledging that most policies resulting in GHG mitigation also have other, often at least equally important, rationales' (IPCC, 2001a). In this report sometimes the term "co-benefits" is also used to indicate the additional benefits of policy options that are implemented for various reasons at the same time, acknowledging that most policies designed to address GHG mitigation also have other, often at least equally important, rationales, e.g., related to objectives of development, sustainability and equity. The benefits of avoided climate change are not covered in ancillary or co-benefits.

Strategies Handbook by USEPA that co-benefits includes all the positive benefits resulting from a series of policy measures adopted in localities for the emission reduction of air pollution and related GHG. It is mentioned in the IGES White Paper 2008 by the Institute for Global Environmental Strategies (IGES) from Japan that the co-benefit in Asia refers to the extra benefits resulting from expected sustainable development at the local level, including the improvement of air and water quality, strengthening of energy security and insurance, and improvement of transportation, and these must be attached to climate change policies in sectors such as transportation, agriculture, forestry, industry and infrastructure, etc. JICA pointed out, in co-benefits type climate change counter-policies and joint efforts of JICA, that co-benefits type climate change counter-policies contribute both to sustainable development and to actions for climate change in developing countries at the same time, which aim to achieve both the benefits of development and that of climate. Co-benefits measures, in broad sense, include measures for emissions reduction and adaptation. The Clean Air Initiative for Asian Cities (CAI-Asia)[①] elaborated co-benefits as a mixture: first, it believed that co-benefits originate from a set of comprehensive means specifically targeting air pollution, energy supply and climate change; and some other undesignated benefits would also occur, for example: improvement of transportation, urban planning, reduction of health and agriculture impact, and improvement of economy or reduction of total policy implementation costs. The European Environment Agency (EEA)[②] followed the definition by IPCC, and emphasized the importance of effective utilization of resources for co-benefits control strategies for air pollution and climate change.

① CAI-Asia（http://cleanairinitiative.org/portal/node/3965）.

② EEA (http://www.eea.europa.eu/themes/climate/faq/what-actions-can-be-taken-to-reduce-greenhouse-gas-emissions; http://www.greenfacts.org/en/climate-change-ar4/l-2/8-mitigation-emission-reduction.htm#3）.

Table 2-1 Definitions for Co-benefits by different countries and organizations

| Institutions | Publications/Time | Definitions for Co-benefits |
|---|---|---|
| IPCC | TAR /2001 | It is pointed out in Article 7.2.2.3 of TAR that "Co-Benefits" refers to non-climate benefits resulted from GHG mitigation policies, and these benefits were clearly included in the preliminary mitigation policies. It indicates that most GHG mitigation policies also have other basic rationales at the same time, and they are often at least equally important as $CO_2$ mitigation, and are incorporated at early stage of policy making (for example: related to objectives of development, sustainability and equity ). |
| | AR4 /2007 | While the "ancillary benefits" of GHG mitigation policies include the secondary effects and side effects of climate change mitigation policies, which appeared after the proposed GHG mitigation policies. This includes the improvement of local or regional air pollution control due to the reduction of fossil fuel combustion; the indirect effects on transportation, agriculture, land use, employment, and energy insurance. Occasionally some benefits are called "ancillary impacts" when the benefits are "negative" under certain circumstances. Looking from the perspective of reducing local air pollution, GHG mitigation policies can be considered as ancillary benefits. |
| U.S.EPA | Integrated Environment Strategies Handbook/ December 2004 | "Co-benefits" refers to two or more benefits resulted from one or one set of measures. Co-benefits usually include: (1)Health and economic benefits due to the reduction of local air pollution; (2)GHG emission reduction related to pollutants emission reduction; Some literature adopted different views describing "co-benefits" (sometimes used "synergetic control" or "synergetic control measures"), and some views are more restrictive. For example, some studies believe that the benefits generated without consciousness are not co-benefits. However, benefits can be generated without consciousness when policy makers have implemented a policy with one objective, then realizing that the policy resulted in extra co-benefits. Therefore, U.S.EPA gave a broader definition for co-benefits, and regarded all the positive benefits resulted from policy measures as "co-benefits" of policies, with the condition that GHG is one of the benefits achieved. |

| Institutions | Publications/Time | Definitions for Co-benefits |
| --- | --- | --- |
| IGES (Japan) | IGES White Paper/ 2008 | The co-benefits for Asian development refer to the extra benefits resulted from appropriate sustainable development at local level, for example: improvement of air and water quality, strengthening of energy security and insurance, improvement of transportation etc., and these must be attached to the policies of climate change in the sectors such as transportation, agriculture, forestry, industry and infrastructure etc. |
| JICA | Co-benefits Type Climate Change Counter-Policies and Joint Efforts of JICA /June 2008 | Co-benefits type climate change counter-policies contribute both to the sustainable development and to the actions for climate change in developing countries at the same time, which aim to achieve both the benefits of development and that of climate. Co-benefits measures, in broad sense, include measures for emission reduction and adaptation. However, different from development benefits, in mitigation measures, the constitutors of global systems are the beneficiaries of climate benefits, therefore, the related developing countries can hardly feel the climate benefits. This is something we must pay attention to when considering the mitigation measures of developing countries, which is also the reason why co-benefits type measures are specially prioritized among the mitigation measures. |
| OCED | Co-Benefits of Climate Change Mitigation Policies 2009 | The local pollution control as the co-benefits of climate change policies can show the benefits in short term. While the benefits of climate change mitigation will occur in remote future. Co-benefits provide incentive elements for participating in the climate change mitigation agreement by offsetting part of near-term costs for GHG mitigation. |
| EEA | EEA & Green Facts Web Page 7 | The co-benefits of emission reduction by EEA: the emission reduction measures can also generate other social benefits, for example, health costs are saved due to the air pollution reduction. However, the emission reduction in one nation or nation group may lead to more emission elsewhere or have impact on global economy. The mitigation measures of Green Fact not only help reduce or delay the impact of climate change, they also have other beneficial effects, for example, energy utilization and local air pollution control. The effects of air pollution reduction as a result of GHG mitigation can generate sustainable health benefits, and thus can offset part of reduction costs. |

| Institutions | Publications/Time | Definitions for Co-benefits |
|---|---|---|
| CAI-Asia | CAI-Asia Web<br>8 April 2010 | The "co-benefits" that CAI-Asia refers to are:<br>(1)A comprehensive route, beneficial for managing climate change, energy and air pollution, and can provide diversified benefits ("co-benefits"), for example, reduce the emission of air pollutants and related health risks and climate risks, strengthen energy security and insurance, significantly reduce costs.<br>(2)The route for co-benefits was advocated by IPCC, it was pointed out in AR4 that compared with independent policies, the comprehensive policies for air pollution control and climate change mitigation can provide potential for significantly reducing the costs. |
| JICA | Co-benefits<br>Approach Page 9 | The routes for co-benefits are: the practices promoting the sustainable development course in developing countries while implementing climate change policy. Especially for those developing countries which focus on the development of social economy and environment improvement, the goals for the co-benefits routes are to address the global climate change policy and domestic or local problems at the same time.<br>(for example: severe environmental problems) |
| PRCEE of MEP | Environmental Protection Magazine, 2004 | The connotation of co-benefits include two aspects: on one hand, other local pollutants (for example: $SO_2$, $NO_x$, CO, VOC and PM etc.) are reduced while controlling GHG emission; on the other hand, $CO_2$ and other GHG can be reduced or absorbed in the process of local pollutants emission control and ecological construction. |

## 2.2 Definition of co-benefits in China and in this book

Based on the discussions and literature review as above, the concept of co-benefits can be applied[①] to both climate change-related and non-climate change-related areas. Non-climate change areas include environmental chemistry and other natural sciences, enterprise management and other social economic areas. The climate change-related areas can also be classified into two aspects: aspects which are quantified in material volume, and aspects which are monetized. Among these, monetized aspects include

① Co-benefit approach Home page (http://www.kyomecha.org/cobene/index.html).

benefits for human health, agriculture and other social economy resulting from climate change related policies. This type of benefits and impacts are usually one way. Material quantified aspects include the impacts and benefits for environmental media due to the implementation of climate change-related policies, for example, the impacts and benefits on air pollutants, water pollutants, solid wastes, other pollutants and the ecological environment. While the quantified co-benefits are usually two-way, they can be either the impacts and benefits on environmental media through climate change-related policies, or the impacts on climate change by policy measures for environmental media and pollutants.

In the field of climate change, among all the proposed concepts, the concept of co-benefits put forward by IPCC TAR includes both quantified and monetized aspects. It has quite a broad scope, and reflects the co-benefits in climate change-related areas in general, including social, economic and environmental benefits and many other types of benefits, but does not specifically target the relations between climate change and environmental protection. The concept of co-benefits by OECD only emphasizes GHG reduction and monetization. Although the definition of co-benefits by USEPA includes both health and economic benefits due to the reduction of local air pollution and GHG reduction as a result of pollutant emissions reduction, it mainly focuses on the former monetized aspect. As for local pollution control, it only covers air pollution, without the ecological construction aspect which is closely related to the GHG carbon sink. EEA, CAI-Asia and other institutions mainly discussed the health benefits resulting from climate change mitigation policies. Therefore, co-benefits were mainly considered from a monetized perspective. The concepts for co-benefits by Japanese institutions focused more on the study of local and specific purposes, and the monetized benefits were not specially emphasized.

The concept of co-benefits put forward by the Policy Research Center for Environment and Economy of MEP (PRCEE) in 2003 has two aspects: on one hand, other local pollutants (such as $SO_2$, $NO_x$, carbon oxide (CO), volatile organic compounds (VOC), and PM, etc.) are reduced in the process of GHG reduction; on the other hand, $CO_2$ and other GHG can be reduced or absorbed in the process of local pollutant control and ecological construction. This concept mainly reflects co-benefits from a quantified perspective. See Figure 2-1 for details:

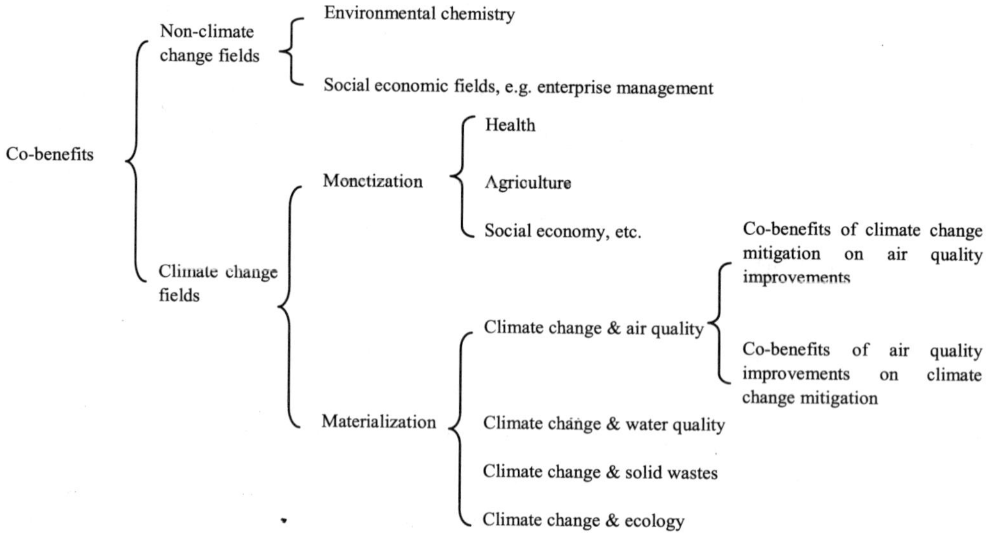


Figure 2-1 Connotation of Co-benefits

The understanding and study on co-benefits of environmental policies in China experienced four development stages:

Stage One: Pre-co-benefits stage: mainly demonstrated as a separate consideration of local pollution control policy and climate change policy, respectively. No attempt to consider their connections.

Stage Two: Co- benefits assessment: the mutual connection between local pollution control and GHG reduction was gradually recognized, and some research projects were initiated for assessing the co-benefits of environmental policies (local pollution emissions reduction and GHG reduction). For example, studies on local cases in Beijing, Shanghai and Shijiazhuang, case study for the West-East Gas Transmission Project, etc.

Stage Three: Co-benefits impact analysis: the specific analysis of the impact of co-benefits on local pollution control policies and GHG reduction policies. For example, studies on the policy impact of co-benefits were conducted.

Stage Four: Policy analysis of co-benefits control: simultaneous analysis of the co-benefits of local pollution control and GHG reduction policies was conducted, and policy adjustment measures were proposed for the simultaneous reduction of local pollutants and GHG emissions, to achieve maximum co-benefits from environment policies and to maximize the output of synergistic control.

"Co-benefits", from its concept to practices, is a process with continuous development and improvement, but there is no clear time boundary among each stage. Currently the studies in Stage Two, Three and Four are all under way.

The concept of co-benefits studied in the book specifically refers to the climate change-related, quantified co-benefits on GHG emissions reduction resulting from air pollutant control measures, which are focused at Stage Two and Three. It needs to be clarified that the "co-benefits" involved in the book originated from the English word "co-benefits," although the Chinese translation of the word means "synergistic benefits" or "symbiotic benefits". The main reasons for using the word "co-benefits" instead of "synergistic benefits or symbiotic benefits" are based on the following considerations: (1) The main purpose of the study was to implement the "Letter of Intent for the cooperative study on co-benefits and demonstration projects between the former State Environmental Protection Administration of China and the Ministry of Environment in Japan", which was signed by the two parties in December, 2007. In this statement, the word of "co-benefits" has been utilized. (2) The word of "co-benefits" is neutral, while "synergistic benefits" and "symbiotic benefits" are inclined to positive effects. In fact, pollutant control measures may have both of positive and negative impacts on GHG reduction. (3) "Co-benefits" could indicate not only but also time effects space effects , while "synergistic benefits" and "symbiotic benefits" are inclined to time effects, current and in future. (4) "Co-benefits" could indicate both monetization effects and materialization effects, while "synergistic benefits" and "symbiotic benefits" have a bias towards monetization effects. In this study, the monetization effects are not a focus.

# 3 Analysis of Related Policies for the Co-benefits of Total Emission Control of Conventional Air Pollutants and GHG Reduction in China

Considering that the co-benefits in the present publication refer to that between the total emission control of local conventional air pollutants and global GHG reduction, it is important to give an overview of the policies on the total emission control of air pollutants and climate change-related policies.

## 3.1 Total Emission Control Policy for Conventional Air Pollutants

The policies for the total emission control of conventional air pollutants include national macro policies for sustainable development, basic laws, regulations and institutional rules, etc.

The national macro policies for sustainable development include China's Agenda 21-White Paper for China's Population, Environment and Development in the $21^{st}$ Century (hereafter referred as "Agenda 21") issued in 1994 which put forward comprehensive strategies and policies for sustainable development, including treatments to local conventional air pollutants.

The basic laws at the national level mainly include the Environmental Protection Law of the People's Republic of China (P.R.C.) issued on 26 December 1989, and the Air Pollution Control Law of the P.R.C. issued and implemented on 29 April 2000. These two were an important basis for the total emission control of air pollutants during the $11^{th}$ FYP. The legal responsibility for environmental protection and the regulation responsibilities of national and local governments under the Environmental Protection Law of the P.R.C. provided that enterprises should use energy-efficient and low pollutant technology processes, phase out outdated production facilities, and strictly follow the system of 'three synchronization' which required the design, construction, and operation of pollution treatment facilities along with any development projects involving new construction, renovation, or reconstruction. Likewise, national measures for planned control or gradual reduction of the total volume of local main air pollutants, and supervision management by local governments, were further stipulated in the Air Pollution Control Law of the P.R.C. It made clear that enterprises should prioritize the application of energy-efficient and clean production processes, phase out backward equipment, and increase the recycling rate of flammable gases. It encouraged the development and popularization of technology for lowering the sulphur and carbon content of coal, and supported the production and utilization of substitutes for ozone-depleting substances (ODS).

Besides, the related national regulations issued by the State Council for total emission control of conventional air pollutants include the Notification on the Acceleration of the Restructuring of Industries With Overcapacity, Opinions for the Improvement of Differentiated Electricity Price Policy, Notification of the Opinions for the Acceleration of Closing Small Power Units, Measures for Energy-Efficient Power Dispatch (in trial) , Management Regulations on the Environmental Protection for Construction Projects, Regulations on Planning Environment Impact Assessment, and Management Regulations on Pollution Emission Permits, etc. The backward production capacities to be phased out are specifically stipulated in the Notification on the Acceleration of the Restructuring of Industries With Overcapacity (for example: to close and suspend small fuel oil-fired power units, and condense small coal-fired reactors with a capacity of 50,000kW or less). The specific implementation mechanism for differentiated electricity prices is discussed in the Opinions for the Improvement of Differentiated Electricity Price Policy (for example: increasing the electricity price for obsolete enterprises by 50% from the average electricity price for current high energy-consuming industries). Besides, in order to adjust industrial structures, the Notification of the Opinions for the Acceleration of Closing Small Power Units requested that new coal- fired units must install highly efficient desulphurization devices at the same time; existing coal-fired units with a single capacity of 135,000kW or more should complete the modification of desulphurization devices as soon as possible; and the specifications for both small coal and oil-fired units that need to be closed down were announced (for example: all the units with a single capacity of 200,000kW or less, etc.).

As MEP is the main body responsible for the total emission control of air pollutants, therefore, the rules for total emission control of air pollutants at the ministerial level are mainly issued by MEP alone or together with other ministries. For example, MEP issued Management Regulations for the Operation of Environmental Protection Facilities in 2007 in order to ensure that the operation of environmental protection facilities can effectively control total air pollutant emissions. In the same year, together with the National Development and Reform Commission (NDRC), MEP issued Management Measures for Electricity Price of Desulphurization and the Operation of Desulphurization Facilities in Coal-fired Power Units. The policy set preferential prices for feed-in tariffs to those coal-fired power units with the installation of desulphurization devices, and set a floating electricity price mechanism based on the operation of desulphurization devices (for example: with the installation of desulphurization devices, the power plants should pay 1.5cent per kWh on top of the feed-in tariffs for sulphur removal, etc.). In order to encourage enterprises to strengthen environmental measures, together with the Ministry of Finance, MEP issued Temporary Management Measures for the Special Fund for Major Pollutant Emission Reduction by Central Finance in the same year, which developed an incentive mechanism for enterprises and regions with outstanding achievements in the emissions reduction of major pollutants. For the management measures, in 2007, MEP issued a Guideline for Verifying the Environmental Protection at Companies First Applying to Go Public or Those Listed Seeking For Refinancing, requiring that enterprises should strictly follow the systems of ‘three synchronization’ and environment impact assessment when renovating engineering projects, and the total emission reduction of pollutants at listed companies should be investigated. In the same year, MEP issued Opinions for Implementing Environment Policy and Preventing Credit Risks in order to accelerate the restructuring of industries with overcapacity. The requirements for environmental loans were made more stringent, while loans to obsolete projects and non-compliance enterprises for environmental protection rules were restricted. In 2007, together with the Ministry of Commerce (MOFCOM), MEP issued Strengthening the Environment Regulations at Export Enterprises. The environmental regulation for enterprises with "high energy consumption", "heavy pollutions" and "high resource use" was strengthened, and products export was controlled. The above-mentioned policies played an important role both in controlling additional pollutants from new projects and reducing the emission volume from existing polluters.

In addition, local provinces also developed related local regulations to control the emission of air pollutants. For example: in Hunan Province, the Overall Plan for the Comprehensive Matching Reform Trial in Chang-Zhu-Tan City Cluster to Build a Resource-Saving and Environment-Friendly Society, Implementation Plan for the Comprehensive Work of Energy-Saving and Emission Reduction, Temporary Management Measures for the Paid Use of Emission Rights and Emission Trading for Major Pollutants in Hunan Province; in Sichuan Province, Decision on the Further Strengthening of Environmental Protection Work by the Sichuan Provincial Party Committee and Provincial Government, Opinions for the Implementation of Responsibility Insurance Work for Environmental Pollution from Sichuan Province; in Hebei and Shanxi Province, Regulations on the Reduction of Pollutant Emission; in Shandong Province, Emission Standards for Air Pollutants in Power Plants; in Jiangsu Province, Opinions for the Implementation of Blue Sky Projects and Improvement on Ambient Environment; and in Guizhou Province, Measures for the Administrative Accountability Management of the Total Emission Reduction of Major Pollutants, etc.

The total $SO_2$ emissions reduction has achieved 14.29% by the end of the $11^{th}$ FYP in 2010, surpassing the target by 10%, due to the development and implementation of the above and relative laws, policies and regulations at different levels.

## 3.2 Policies for GHG Reduction

Policies relevant to GHG reduction include both comprehensive policies and policies for climate change and for other issues which have significant implications on climate change. In fact, many air pollution emission control policies stipulated in Section 3.1

are also functioned for GHG reduction. For example: Agenda 21 is an important policy for air pollutant reduction which also provide effective control on GHG emissions and slow down the growth speed of $CO_2$ emissions, acting as co-benefits related policy. In order to avoid duplication, the above-mentioned policies for air pollution emission control will not be elaborated here. This Section will focus on the description and analysis of related policies for GHG reduction.

The policies related to GHG emission at the national level mainly include the Energy Saving Law which was passed in 1997, which revised and enforced in 2008; Promotion Law for Clean Production passed in 2002 and enforced at the beginning of 2003; the Renewable Energy Law revised in 2006 and enforced in 2010; and the Promotion Law on Circular Economy enforced in 2009, etc. One of the purposes of the development and implementation of these laws, or the main outcome is to reduce the waste of energy resources, control pollution, and reduce GHG emissions, but each with a specific emphasis. The Renewable Energy Law encourages the development and utilization of non-fossil fuel energy, such as wind energy, solar energy, hydro-energy, biomass, geothermal energy, and marine energy, etc., to increase the energy supply and improve the energy structure. The use of renewable energy for power generation can reduce the carbon emission intensity generated throughout the national grid, thus mitigating GHG from the source. The revised Energy Saving Law emphasizes that each sector of the society should save energy and improve energy efficiency; it highlights the legal obligations and responsibilities for rational utilization and energy conservation. This also has positive impacts on mitigating GHG and avoiding the emission of other air pollutants, as from the viewpoint of energy demand energy conservation by energy users can reduce the supply burden for energy suppliers, thus achieving the effects of GHG reduction. The Promotion Law for Circular Economy advocates the minimization of resource consumption and waste generation during the process of production, circulation and consumption, etc. It also advocates to reuse and recycle wastes. The minimization of resource consumption and waste generation will also relatively reduce the amount of energy consumption throughout the process. If wastes are reused and turned into resources, such as cement production by using blast furnace iron slag, GHG emissions from many production processes can be avoided.

China first issued China's National Climate Change Programme in 2007, in order to control GHG emissions and combat climate change, with several targets for GHG emission control: (1) to intensify policy guidance for energy conservation and efficient utilization by accelerating the transformation of the economic growth pattern, with the target of achieving about 20% reduction of unit GDP energy consumption by 2010 based on the year 2005, and relatively reducing $CO_2$ emissions; (2) to optimize the energy consumption structure by vigorously developing renewable energy, proactively promoting nuclear power development and coal layer gas exploration and utilization, etc., and striving to increase the ratio of renewable energy development and utilization (including major hydropower) in the primary energy supply structure to 10% or so by 2010; and (3) to develop a circular economy, improve the utilization rate of resources, strengthen the measures, such as the control of nitrogen mo$NO_x$ide emissions etc., and strive to stabilize nitrogen mo$NO_x$ide emissions from industrial production processes to the level of 2005 by the year 2010. There are also targets for $CO_2$ emissions control through agricultural and forestry measures. Also, energy production and conversion, improvement of energy efficiency, and industrial production processes, etc., were set as the priority areas for GHG reduction. Requirements for international cooperation in climate change through technical transfer and collaboration, capacity building, etc., were also proposed.

There are also many policies related to GHG emissions control at the government regulation level. For example, the State Council issued Opinions for Accelerating the Development of the Service Industry in 2007. The General Office of the State Council issued Opinions for the Implementation of Policy Measures for Accelerating the Development of the Service Industry in 2008, and organized the revision of the Catalogue for Industrial Structural Adjustment in July 2009. The State Council forwarded Opinions for Accelerating the Closing Down and Suspension of Small Power Units, and Opinions for Inhibiting Some Industrial Overcapacity and Repeated Construction, and for Guiding the Healthy Development of Industries formulated by related Ministries in 2007 and 2009 respectively. These measures are of great significance for accelerating the phasing-out of backward production capacity, controlling the scale and reducing the ratio of highly energy-consuming and polluting industries, and finally reducing GHG emissions. Besides, many other policies also played an important role in energy-saving and GHG emissions control, such as Management Measures for Power Saving, Management Measures for Oil Saving, Management Regulations on Building Energy Saving developed and revised by NDRC and the Ministry of Construction; Notification on the Strict Implementation of the Standard for AC Temperature Control in Public Buildings issued by the General Office of the State Council; Regulations on Energy-Saving in Civil Buildings, Regulations on Energy-Saving in Public Institutions issued by the State Council in 2008, and other policies.

Related policies for energy saving and indirect mitigation of GHG are also issued at the local level. Except for the comprehensive policies mentioned in Section 3.1, comprehensive policies, economic policies and technical standards, etc., for energy-saving are also included. For example: the Implementation Plan for Energy Saving During the $11^{th}$ FYP in Hunan Province, Temporary Management Measures for Financial Incentives for Energy-Saving Technical Innovations in Hunan Province, Standard for the Design of Energy-Saving Public Buildings in Hunan Province (issued by Hunan Province); Notification on the Opinions for Strengthening of Energy-Saving Inspection by Sichuan Provincial Economic Committee, issued by Sichuan Province, and other policies.

## 3.3 Analysis of the Policies Relevant to Co-benefits of Total Emission Control of Conventional Air Pollutants and GHG Reduction in China

From an analysis of the related polices for the co-benefits of China's total emission control of conventional air pollutants and GHG reduction, combined with other specific policies, we can see that the two policies are synergistic to a certain extent; the degree of synergy between national macro policies and local polices is higher, while the degree of synergy among sector policies is lower.

First, national macro policies can automatically achieve the co-benefits of air pollutants and GHG emissions reduction. As mentioned in Section 3.2, many policies for air pollution emissions control can benefit the reduction of GHG emissions, vice versa, policies for GHG reduction can also benefit the reduction of air pollutants, which is even more obvious at the national macro policy level. Those policies mentioned above include: Agenda 21, the Energy Saving Law, the Clean Production Law, the Promotion Law for a Circular Economy, Notification on the Acceleration of Industrial Structural Adjustment for Overcapacity, Opinions for Accelerating the Development of the Service Industry, Opinions for Accelerating the Closing Down and Suspension of Small Power Units, and Opinions for Inhibiting Some Industrial Overcapacity and Repeated Construction, and for Guiding the Healthy Development of Industries, etc. In fact, all the policies that control energy resources at the source, and focusing on prevention, can automatically result in co-benefits, because of the homologous attributes of air pollutants and GHG. Besides this, the state can achieve "win-win effects" in reducing GHG and air pollutants through economic incentive policies. In order to promote the development of renewable energy, NDRC and other related Ministries jointly formulated the Catalogue of Preferential Business Income Tax for Public Infrastructure Projects, to implement the preferential policy of "free in the first three years and half in the later three years" for business income tax. In 2010, the State Council reissued Opinions for Accelerating the Promotion of Contract Energy Management and for Promoting the Development of an Energy-Saving Service Industry which was formulated by NDRC and other Ministries. This played a very critical role in accelerating the promotion of new technology and products for energy-saving, promoting the development of an energy-saving service industry, and continuously helping the improvement of energy utilization.

Second, system innovation at the national level can proactively achieve the co-benefits of air pollutants emissions reduction and GHG reduction. For example: in 2007, to strengthen the leadership for combating climate change, energy-saving and emissions reduction, the State Council established a leading group as the coordinating body for discussing this national task. The premier of the State Council is the leader, and the members of the leading group include the officials from NDRC, MEP and other Ministries. The main tasks of the leading group are: to study and develop major strategies, principles and counter-policies for the country to combat climate change, overall deploy the tasks for combating climate change, study and examine the plans for international cooperation and negotiations, and coordinate and address the major issues in combating climate change; and to organize the implementation of the principles and policies of the State Council regarding energy-saving and emissions reduction, overall deploy the tasks for energy-saving and emissions reduction, study and examine major policies and suggestions, and coordinate and address major issues arising during the work. The State Council then issued a Comprehensive Work Plan for Energy-Saving and Emission Reduction, to establish a responsibility system for energy-saving and emissions reduction targets, and approved and forwarded the Implementation Plans and Methods for Monitoring and Evaluating the Statistics of Energy-Saving and Emissions Reduction. These system arrangements and policy measures ensured the overall consideration of policy development and implementation for reducing air pollutant emissions and GHG emissions.

Third, the degree of synergy among national laws, regulations and policies is the highest from the perspective of the synergy between total emission control policy and GHG reduction policy, local policies come next, and sectional policies are the lowest. It can be seen from the policy matrix analysis in Table 3-1 that local pollutants and GHG reduction are considered in national laws, regulations and policies overall, but are not completely consistent. Some policies need further improvements for the overall planning of air pollutant emissions reduction with GHG reduction, especially in the aspect where the two conflict with each other. For example, the Renewable Energy Law advocates vigorous development of wind power, hydropower, solar energy, biomass and other renewable energy, but the potential environmental risks resulting from the development of these energies are not fully taken into account. The Environmental Protection Law issued in 1989, as a comprehensive macro policy, only involved local pollution control, which barely touched global GHG and other global environmental issues. As the implementing body for total emission control and GHG control policy, local governments and their related policies dealt with the two issues as a whole, for example: Overall Plan for the Comprehensive Matching Reform Trial in Chang-Zhu-Tan City Cluster to Build a Resource-Saving and Environment-Friendly Society, and Implementation Plan for the Comprehensive Work of Energy-Saving and Emission Reduction from Hunan Province, etc. However, most sectional policies were considered separately, for example, energy-saving and pollutants were not considered as a whole. The sector regulations rarely considered the synergy between the two issues, except the indirect achievement of local pollutant emissions reduction and GHG reduction. For example, currently, you can hardly find any policies that incorporated the two issues as a whole at the sectional level, except that power- saving and other related regulations resulted in indirect co-benefits of local pollutant emissions reduction and GHG reduction.

Table 3-1 Policy Matrix for the Co-benefits of China Total Emission Control Policy and GHG Control

| | Total Emission Control Policy | GHG Control Policy | Degree of Synergy |
|---|---|---|---|
| National Laws, Regulations and Policies | Agenda 21, Promotion Law for Clean Production, Promotion Law for Circular Economy, Notification on Accelerating the Promotion of Industrial Structural Adjustment for Overcapacity, Opinions for Accelerating the Development of Service Industry, Comprehensive Work Plan for Energy Saving and Emission Reduction, Implementation Plans and Measures for Monitoring and Evaluating the Energy Saving and Emission Reduction Statistics, Opinions for Accelerating the Closing Down and Suspension of Small Power Units, Opinions for Inhibiting Some Industrial Overcapacity and Repeated Construction and for Guiding the Healthy Development of Industries etc. | | Higher |
| | Environmental Protection Law, Air Pollution Control Law etc. | Energy Saving Law, Renewable Energy Law etc. | Lower |
| Sector Regulations | Management Regulations for the Operation of Environmental Protection Devices, Management Regulations for Emission Permit etc. | Management Measures for the Financial Fund for Golden Sun Demonstration Projects, Management Regulations for Building Energy Saving, Management Measures for Power Saving, Management Measures for Oil Saving etc. | |

| | Total Emission Control Policy | GHG Control Policy | Degree of Synergy |
|---|---|---|---|
| Local Policies | Overall Planning for the Comprehensive Matching Reform Trial in Chang-Zhu-Tan City Cluster to Build Resource Saving and Environment Friendly Society, and Implementation Plan for the Comprehensive Work of Energy Saving and Emission Reduction from Hunan Province etc. | | Average |
| | Temporary Management Measures for Main Pollutants Emission Rights and Trading Management in Hunan Province, Regulation on Pollutants Emission Reduction, from Hebei and Shanxi Province, Opinions for the Implementation of Blue Sky Project and Air Improvement, from Jiangsu province, Accountability Measures for the Administration of Total Emission Control of Main Pollutants, from Guizhou Province etc. | Notification of Opinions for Strengthening the Energy Saving Inspection Work by Sichuan Provincial Economic Council, Implementation Work Plan for Energy Saving in Hunan during the 11th FYP, Standards for the Design of Energy Saving Public Buildings, Temporary Management Measures for Fund Management of Financial Awards for the Energy Saving Renovation in Hunan Province, etc. | |

# 4 Evaluation of Co-benefits Technology for Air Pollution Control and GHG Emissions Reduction

In promoting co-benefits of air pollution control and GHG emissions reduction, technologies play an important role. This chapter aims to study how technologies contribute to co-benefits in iron and steel, power and cement industries in China.

## 4.1 Major Technologies for Co-benefits in Iron and Steel Industry

### 4.1.1 Coke Dry Quenching (CDQ) Technology

CDQ is a device which reuses heat generated from red hot coke as vapor and generates power. Red hot coke (about 1,000℃) generated from the coke oven undergoes heat exchange with circulating inert gases within the cooling furnace, and releases heat after the temperature reaches 200℃ or below. Meanwhile, it exchanges heat with red hot coke, generating high temperature circulating gases (about 800℃) which enter the heat-releasing boiler, and convert into steam, then turn into low temperature circulating gases at the exit of the boiler, which are resent to the cooling chamber as cooling gases for reutilization. The steam produced is used for power generation[①].

According to the literature from a manufacturer, the co-benefits of CDQ include: (1) energy-saving effects: a CDQ device with a scale of 100t/h can generate about 18 megawatt of electricity when the steam generated from CDQ is used for power generation. This can effectively make use of the heat energy which was often lost from coke wet quenching in the past, thus reduce the consumption of fossil fuels

---

① Steel Plantech Company.

and then reduce the emissions of $SO_2$ and $CO_2$; (2) environment improvement effects: CDQ is performed to cool down coke inside a closed system without generating dust or dispersing white smoke. This can improve the operation environment; (3) effects of global GHG reduction: unlike oil-fired boilers for power generation, CDQ power generation can inhibit the generation of $CO_2$, and contributes to the prevention of global warming. The 18 megawatt of electricity generated from oil- fired boilers can release about 18t/h of $CO_2$, while this amount of emission can be reduced by using CDQ devices; (4) effects of improving the quality of coke: the strength (DI, CSR) of coke can be increased by about 2%, as the red hot coke is cooled down gradually through gases inside the cooling furnace with CDQ. Unlike the wet quenching process, with CDQ surface pores on the coke surface or inner cracking will not be generated and the fragile parts of coke will be removed inside the cooling furnace; (5) effects of productivity improvement: CDQ coke is not watery, heats for evaporation will not be needed, thus the fuel rate will be increased. Because the temperature at the top of furnace is high, more power will be generated①. CDQ technology was introduced in China in 1986, a demonstration project was established in Beijing during 1997—2000, be the end of 2008, there was a total of 66 CDQ sets in iron and steel industrial enterprises of the medium and large scale in China, with an CDQ coke output of 59.36 million tons, accounting for 18.3% of the total output of coke in China.

### 4.1.2 Top Pressure Recovery Turbine (TRT)

The TRT device makes use of blast furnace gases to drive the turbine for power generation. Blast furnace gases are used as fuels for the iron and steel process after used for power generation. The pressure of the gases on top of the blast furnace is 0.2～0.236MPa (2～2.41 $kg/cm^2$)，the temperature is about 200℃, and this pressure and heat is used to rotate the turbine for power generation. The device consists of a dust collector, turbine and power generator. Depending on the method of cleaning blast furnace gases, the methods of power generation are divided into two types: wet method and dry method. The wet method removes dust with a Venturi tube scrubber, while the dry method removes dust with a dry dust collector. As dry dust removal requires less temperature reduction than the wet method, the power generated is also larger than that

① Nippon Steel Engineering Technology Company.

with the wet method, and may reach about 1.6 times at the most. Besides this, significant energy-saving can be achieved when the energy of the blast furnace from pressure relief is recycled as power.

TRT has the following co-benefits: (1) No fuels are required for power generation and no $CO_2$ or other GHG are generated; (2) Compared with conventional diaphragm valves (pressure relief valves), the low noise could contribute to the improvement of the surrounding environment around the blast furnace; (3) The operation and maintenance do not require high technology, and can be operated by operators and maintenance staff; (4) The volumes of water and nitrogen gas required for operation are less, thus the supply provided by existing devices will be adequate①; The TRT device is an energy-saving device with excellent performance, and it is used at the iron mill, and applied at major iron mills all over the world. The first TRT demonstration project in China was introduced from Kawasaki Steel by the Panzhihua Iron & Steel Group of Sichuan Province from 1994 to 1998, and by the end of 2008, there was a total of 91 blast furnaces installed with TRT in 158 blast furnaces in iron and steel industrial enterprises of the medium and large scale in China, with an installation rate of 58%.

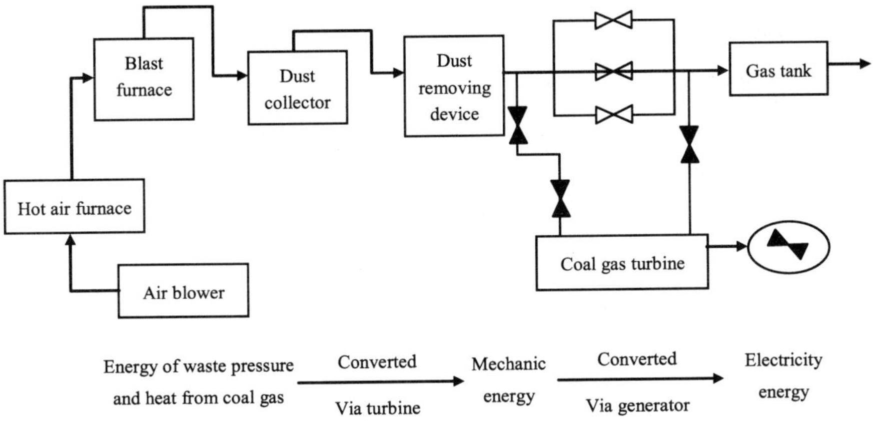


Figure 4-1 Technical Flowchart of TRT

(Source: Fund Raising Guideline for Energy Efficiency and Renewable Energy)

① Kawasaki Heavy Industries, Ltd.

### 4.1.3 Coal Moisture Control (CMC)

CMC is the technology that employs the coal material which are pre-dried by high temperature gas to save energy. Specifically, coal with about 10% water content will be dried until the water content drops to 6% or so before put into the furnace. As CMC makes full use of the heat energy released from coke oven combustion, no additional heat sources are needed for the required energy for drying coal materials. Therefore, the reduced energy consumption of the coke oven yields energy-saving effects after introducing CMC. Likewise, the reduction of heat consumption also reduces coal dust emissions by recycling combusted gases from the coke oven while reducing $SO_2$ emissions.

According to literature from a manufacturer, the benefits of introducing a fluidized bed CMC device can reach over 20 million RMB annually (supposing the treatment capacity is 180t/h, and the water content is 4% after drying). It has the following advantages: (1) improving the production capacity by 10%: The increase of coal density can significantly increase the output of the coke oven; (2) energy consumption can be saved by 10%: the reduction of coal water content can also reduce the heat required for dry distillation; (3) increasing the strength of coke: the increasing strength of coal can improve coal cohesion, thus coke strength will be significantly increased; (4) stability: the control of coal water content can stabilize coke quality[①]. Chongqing Iron & Steel Co., Ltd. established a CMC demonstration project in 1993, and Maanshan Iron & Steel Co., Ltd. established a fluidized bed CMC demonstration project in 2008.

### 4.1.4 New Generation of Innovative Coke Manufacturing Technology (SCOPE21)

This technology is targeted at the conventional coke oven with a temperature of 1,200℃, and the coal briquettes can be pre-heated (low temperature-dry distillation) rapidly to 350℃ before transferred to the coke oven (850℃). With this technology, 20% of energy-saving effects can be achieved. The SCOPE21 process can be divided

① BEIJING JC Energy & Environment Engineering Co., Ltd. (BJCEEE).

into three procedures based on the current coke manufacturing method: rapid heating of coal briquetting, rapid dry distillation, and coke upgrading at medium and low temperature.

Four co-effects can be expected with the development of this technology: (1) energy-saving effects: for a device with an annual output of one million tons of coke, after introducing the technology, and compared to conventional coke even, the annual $CO_2$ emissions reduction can reach about 400,000 tons, if calculated based on crude oil, and the amount of one million kL could be reduced per year; (2) effects of efficient use of coal resources: the usage rate of non-weak-bondability coking coal is increased to 50% from an original 20%, which can make full and efficient use of coal resources; (3) environment improvement effects: the emission amount of $NO_x$ generated at the retort is reduced by 30%, which prevents dust and smoke from polluting the surrounding environment; (4) productivity-improving effects: the pre-treatment process could significantly shorten the coke production time, increasing production efficiency by 2.4 times.

### 4.1.5 Heat Recovery

**(1) Waste heat recovery device of hot blast cupola**

The waste heat recovery device of hot blast cupola is to collect the heat received from the exhaust of the hot blast cupola, and to use it in preheating fuels and combustion-supporting gases. This technology consists of two heat exchangers, one is for the exhaust of the cupola, the other is for the preheating. Heat exchangers can be divided into a rotary type, plate type and heat pipe type. The exhaust heat recovery from the hot blast cupola is 40%～50%. The pre-heating can reduce the fuel consumption inside the cupola, and the rise of air temperature reduces the blast furnace coke ratio, thus reducing $CO_2$ emissions. Likewise, coal dust, $SO_x$, $NO_x$ and other air pollutants are also reduced. Commissioned by NEDO, Nippon Steel carried out a demonstration project of waste heat recovery from a hot blast furnace at Handan Iron & Steel Co., Ltd. in Hebei Province from 1998 to 2001.

**(2) Waste heat recovery device for converter exhaust**

The device recovers and utilizes high temperature exhausts (CO gas) generated in the converter. The recovery of high temperature gas exhausts generates steam. The recovery methods include the combustion type (boiler type) and the non-combustion type (air-proof OG method). The design of the OG device enables 70% of the recovery of latent heat and waste heat from converter gases, and the recovered gases from the converter mixed with other secondary gases (coal gas from the coke oven and blast furnace), which are reused for heating devices in iron mills. The steam is mainly used for coal gas-removing devices in the steel refinery. The reduction of fuel consumption in boilers can reduce $CO_2$ emissions. Meanwhile, it can reduce the emissions of coal dust, $SO_x$, $NO_x$ and other air pollutants. A converter with the capacity of 185t/heat can reduce 26,000 tons of $CO_2$ emissions per year. Commissioned by NEDO, Nippon Steel carried out a demonstration project of waste heat recovery from the converter at Maanshan Iron & Steel Co., Ltd. in Anhui Province from 1998 to 2001.

**(3) Heat recovery device for cooling unit of sintering machine**

The device is for heat recovery attached to the cooling unit of the sintering machine for raw iron ore, which recovers sensible heat released by cooling high temperature sintering ore as steam. The reduction of fuel consumption in boilers can reduce $CO_2$ emissions, and also the emissions of other air pollutants such as coal dust, $SO_x$, $NO_x$, etc. Commissioned by NEDO, Sumitomo Metals from Japan carried out a demonstration project for recovering waste heat from the cooling unit of the sintering machine at Taiyuan Iron & Steel Co., Ltd. from 1995 to 1997.

**(4) Heat recovery device for steel heating furnace**

This technology is to preheat combustion-supporting gases with the heat energy from the steel heating furnace, and it can reduce the fuel used in the same furnace. Besides, the recovered heat exchanges with steam, generating steam which can be used as high pressure steam and low pressure steam in iron mills. The reduction of fuel consumption in the steel heating furnace can reduce $CO_2$ emissions, also coal dust, $SO_x$, $NO_x$ and other air pollutants. Commissioned by NEDO, Kobe Steel Ltd. carried out demonstration projects for heat recovery from steel heating furnace in Thailand from 1997 to 2000.

### 4.1.6 DME (Di-Methyl Ether) Manufacturing

DME(Di-Methyl Ether)is clean energy which does not emit hazardous gases, particulates or other pollutants when burned. Because it is non-toxic, easily liquefied and easily operated, it is typically used as civil fuel (replacing LPG). It can be used as transportation fuels (for diesel vehicles, fuel cell vehicles), fuels for power generation (coal-fired power generation, combined heat and power, fuel cell), and as chemical fuels. The manufacturing methods include the direct synthesis technique and the methanol dewatering technique (indirect synthesis technique). Unused coke oven gas (COG) can be used as raw material to manufacture DME based on the direct synthesis technique. Besides, there is no $SO_x$, PM in the exhaust, and the extra gases generated during the DME manufacturing process can be used for power generation.

### 4.1.7 Rotary Hearth Furnace (RHF)

A RHF is a device with which the by-products of iron chips containing iron oxide and zinc oxide are heated to produce direct reduced iron (DRI) with high temperature at the bottom of the rotary furnace, while separating and recovering zinc and other metals. This technology has great co-benefits: (1) effective utilization of the reduced iron from the iron smelting process can reduce coal consumption, thus reduce the emissions of $CO_2$; (2) the reduction of coal can reduce the discharge of coal dust, $SO_2$; (3) by effectively reducing iron and recycling zinc, the technology can achieve zero emission. The RHF was introduced in China by Maanshan Iron & Steel Group in 2007.

## 4.2 Major Technologies for Co-benefits in Power Industry

### 4.2.1 High Efficient Power Generation

**(1) Pressurized fluidized bed combustion (PFBC)**

PFBC technology is a compound power generation technique with the integration of a steam turbine and a gas turbine using the steam and gas generated from the combustion of coal in fluidized bed boilers. Besides, as micro limestone which has a desulphurization function is used in the fluidized bed boiler, the $SO_x$ generated during coal combustion can be removed inside boilers, thus desulphurization devices are not required at the bottom of the boilers. Also the low temperature combustion (850℃)reduces the generation of $NO_x$, and CTF reduces dust and then can reduce $CO_2$ emissions, which have great advantages for improving the environment①. The heat efficiency could be increased from the regular 38% (heat power with micro pulverized coal) to 42%, which can reduce 10.5% of $CO_2$ emissions. Likewise, it can also reduce 10.5% of coal dust, $SO_x$, $NO_x$ and other air pollutants.

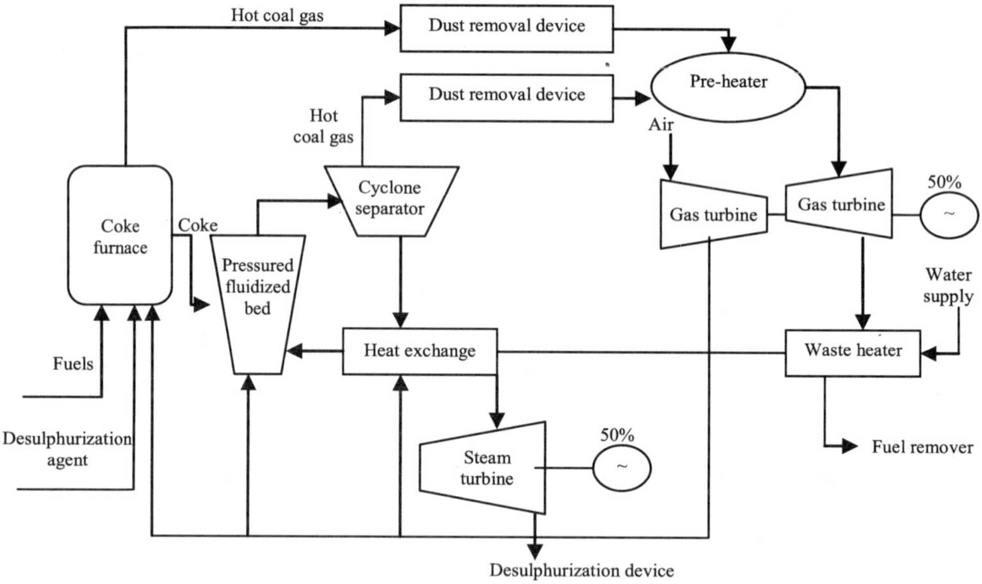


Figure 4-2 Technical Flowchart of PFBC

(Source : http://www.hainan.gov.cn/data/news/2008/09/58273/)

**(2)Circulating fluidized bed boiler with constant pressure(CFBC)**

A CFBC usually consists of a furnace and high temperature cyclone separators,and is a high-efficiency technology. The gas flow rate inside the furnace is 4～8m/s，The fluids and slags of large diameter from the exhaust are captured by high temperature cyclone separators, and sent back to the furnace for further combustion. The circulation can remain the high temperature of the fluidized bed and increase the denitration rate. Besides this, a pre-heater for flow air & gas and a water heater for boilers are

① Power Academy.

installed in the heat recovery unit in order to improve heat efficiency. CFBC has the following co-benefits: (1) high heat efficiency can reduce the energy consumption, thus reduce the $CO_2$ emissions; (2) it causes little nuisance, and can significantly decrease the emissions of $NO_x$, $SO_x$ and other environmental pollutants; (3) it has a high combustion rate, which is achieved through the increase of combustion time; (4) it saves space and is easily maintained, as no separate devices for desulfurization, denitration, or fuel crushing are needed during the production procedure. In 1988, the first CFB project (35t/h) was built in Shandong Mingshui Plant, which was developed by Jinan Furnace Plant. After that, a number of larger CFB projects were successively put into operation. In 2003, the CFB project (300MW) of the largest scale that time was introduced from Alstom of France by Sichuan Baima Power Plant, and the technique was transferred to Shanghai Furnace Plant, Harbin Furnace Plant, and Oriental Furnace Plant afterwards. In 2008, through technological absorption and development, the first domestic CFB of the scale of 300MW was developed by Oriental Furnace Plant, and was put into operation in Guangdong Heshuyuan Power Plant. Currently, the CFB of 600MW has been built in Sichuan Baima Power Plant, and was operated at the end of 2011. By 2010, there were a total of 17 CFB sets of 300MW introduced from abroad and 19 CFB sets of 600MW developed domestically in China.

**(3) Thermal power generation with ultra-super-critical (USC) pressure**

Thermal power generation with super critical (SC) pressure refers to the technology which can reduce the heat energy required for water gasification of steam which is sent to the steam turbine from boilers under the condition of high temperature and pressure exceeding the critical pressure of water(374℃、22.12MPa)①. The device can achieve over 40% of efficient power generation. Compared with conventional sub-critical power generation, it can reduce 5% of $CO_2$ emissions.

In 1992, China has introduced SC poner generation set of 600MW from Sulzer of Switzerland for Shanghai Shidongkou Plant. In 1996, BHDB was founded by BHK, ITC and Oriental Furnace Plant. In 2004, by technology introduction and domestic production, Oriental Furnace Plant and Harbin Plant have built the first SC power

① Weblio Dictionary

generation set, which has been put into operation in Huaneng Qinbei Plant. By the end of 2008, there was a total of 357 SC sets worldwide, and 35% of which were in China.

The USC pressure refers to the steam condition with a temperature of 593℃and pressure of 24.1MPa. The higher the temperature and pressure of steam from coal fired boilers, the higher the power generation efficiency. However, the strength of parts will decrease under the condition of high temperature and pressure for a long period of time, therefore, the technology of ultra-super critical pressure power generation has been developed which can resist a temperature of 600℃and a pressure of 25MPa (about 250 times atmospheric pressure). Compared with conventional sub-critical pressure power generation technology, it can reduce 7% of $CO_2$ emission①. Currently, USC pressure power generation with a temperature of 700℃ has been under development in Japan.

**(4) Gas-Steam Combined Cycle Power Plant (CCPP)**

The gas-steam CCPP is a power generation technique combining a gas turbine with a steam turbine. The steam generated by the heat exhaust from gas turbine power generation is used to drive a steam turbine for further power generation. The heat efficiency from power generation can reach over 50% after combining the two turbines. Besides this, due to the high efficiency fuel-saving also can reduce the emissions of $CO_2$, $SO_2$ and $NO_x$②.

Based on the temperature at the inlet, the power generation can be classified as: CC (about 1,100℃), ACC (about 1,300℃) and MACC (about 1,500℃). The heat efficiency of power generation increased to 50%～53%(HHV、ACC～MACC)from an original 43% (HHV、CC)after introducing ACC (Fujin No.3 series ) and MACC ( Kawasaki No.1 series), and can reduce 30%～39% of $CO_2$ emission. Likewise, about 30%～39%of $NO_x$ and other air pollutants can be reduced.

**(5) Integrated Gasification Combined Cycle(IGCC)**

IGCC is a process in which coal is gasified into fuel gases inside a gasification furnace,

---

① Hitachi, Ltd.

② MHI Plant Construction Co., Ltd.

then the gases is introduced into a gas turbine, driving the gas turbine with combustion, and the high temperature exhaust is transferred into boilers to generate steam driving a steam turbine. The main advantages and co-benefits of developing IGCC technology include: (1) increased power generation efficiency: the gasification of solid coal and installation of gas turbine in steam turbine units, can increase the heat efficiency up to 46% from the regular 38% (thermal power with fine pulverized coal), thus can reduce about 21% of $CO_2$ emissions. As a more advanced highly efficient power generation system (power delivery efficiency is 46%~48%), it can use coal combustion for power generation with the same amount of $CO_2$ emission as oil power generation; (2) expanded scope of applicability for coal types: the technology makes use of the most abundant coal resources, even coal types with a lower ash melting point which could be hardly used for thermal power in the past, therefore, it can be applied for all types of coal types; (3) protection of the environment: the high efficiency of the system can reduce the emission of $SO_x$, $NO_x$ and coal dust, etc., per unit (kWh) power generation. Unlike the conventional coal-fired power generation, the coal ash in IGCC is discharged as slag, reducing half of the volume. The slag can be used as raw materials for cement production or roadbed materials for reutilization; (4) reduced water consumption: as the conventional desulphurization devices treat coal dusts during the emission stage which is after fuel combustion, requiring lots of water, while IGCC performs the treatment during the fuel gasification stage, so it can significantly reduce water consumption[①].

**(6) Increasing Power Generation Efficiency with Management Technology**

To increase power generation efficiency in existing coal-fired power plants, correct and high level heat diagnosis methods, device renovation technology, maintenance management technology and other measures have been adapted. The increase in heat efficiency will be accompanied by a reduction in air pollutants ($SO_x$, $NO_x$, coal dust, etc.) and wastes (burned ash, etc.). The increase in power delivery efficiency will reduce the fuel consumption, and reduce $CO_2$ emissions. Taking the coal-fired power station in China as example, if the energy generation efficiency is increased to 41.1% from the current 34.6% (mean value in China), 18.8% of $CO_2$ emissions will be

① Clean Coal Power R&D Co., Ltd.

reduced.

### 4.2.2 Fuel Switch

Fuel switch refers to the practice of changing over to use those fuels generating less pollutant when adopting air pollution reduction measures. Targeting the air pollution caused by $SO_2$, the change is to use low sulfur heavy oil and LPG, etc. Global warming mitigation measures usually refer to the fuel switch from coal and oil to natural gas and renewable energy[①]. For example, the main content of natural gas is $CH_4$. The proportion of C in natural gas is smaller than oil and coal, which makes natural gas the fossil fuel that releases the least $CO_2$ when burned. Besides this, the emission of $NO_x$ from natural gas is also much less compared with other fuels as it almost contains no nitrogen, and there is almost no emission of $SO_2$ due to the removal of sulfur when liquefied.

### 4.2.3 Renewable Energy Utilization Technology

Renewable energy technology uses non-fossil energy coming from natural resources such as wind, hydro and the sunlight, and the renewable energy generation greatly contributes to the decline of GHG emissions and air pollution such as $SO_2$, $NO_x$, and has significant co-benefits. Because this report focuses on fossil fuel-based industrial technology, renewable energy technologies are not covered in this chapter.

## 4.3 Co-benefits Technology in Cement Industry

### 4.3.1 Power Generation Devices for Exhaust Utilization

The technology mainly recovers the exhaust released to air from SP/NSP (low and medium temperature：350～380℃), uses the recovered heat to boil the boilers, and uses the steam generated to drive the turbine for power generation. The technology applies to the sets of devices with Grade 4 SP/NSP cyclone separators as its main body. Exhaust recovery includes the recovery of exhaust released to the air from SP/NSP (exhausts temperature: 350～380℃ ) and the exhaust from the cooler (exhausts temperature：200～250℃). The basic composition of the device includes the exhausts

① Environmental Information & Communication Network.

recovery boilers, steam turbine and generators. The power generation capacity of the sets of devices for cement with a capacity of 3,000 t/d is around 6,500 kW. The reduction of boiler fuel consumption can reduce $CO_2$ emissions. Likewise, it can also reduce the emissions of coal dust, $NO_x$ and other air pollutants.

From 1995 to1997, Kawasaki Heavy Industry initiated a demonstration project for the effective use of the waste heat from cement production at Ningguo Cement Plant, commissioned by NEDO. In 2002, a demonstration project for the effective use of waste heat from cement production with a scale of 3,200t/d and an actual power generation capacity of 5,915kW, was implemented at Guangxi Yufeng Group, and 33,000 tons of $CO_2$ emissions can be reduced annually. By the end of 2008, there were a total of 263 cement production lines and 200 low-temperature exhaust utilization power generation stations in China, with the total capacity of 1,510 and annual power generation capacity of 11 billion kWh, which equals to the energy-saving amount of 3.9 million tons of standard coal.

### 4.3.2 SP Technique(Suspension Preheater)

The clinker sintering process consumes most of the energy. As a substitute technique for conventional cement sintering, highly efficient kilns for SP and NSP can reduce the generation of $CO_2$, $SO_2$ and $NO_x$ which are released together with the combustion. With SP technique, the high-temperature exhaust is used to dry and preheat the materials, which could reduce the energy consumption required during the clinker sintering process, and thus reduce emissions of $CO_2$, coal dust, and $SO_2$. The change-over to this production technique was completely implemented in Japan in 1997.

### 4.3.3 NSP Technique

The NSP technique for cement sintering was independently developed by Japan. It sinters over 90% of raw materials by a device called an incinerator, and the remaining sintering is processed in the original kilns. The incinerators are classified as direct calcinations which are equipped with incinerators, and indirect calcinations which heats a fluidized bed to sinter raw materials. The application of this technology can increase the productivity of an existing SP kiln by 1.5～2.0 times, and it can also reduce energy consumption required for cement production①. The co-benefits of NSP are: (1) increased combustion efficiency can reduce $CO_2$ emissions; (2) reduced consumption on fossil fuels can suppress $NO_x$ generation, and $SO_x$ can be absorbed by CaO generated in the kilns without any external discharge.

### 4.3.4 Kiln System of Fluidized Bed Cement Sintering

The Kiln System of Fluidized Bed Cement Sintering makes use of a special performance (combustion, heat transfer, and granule dispersion) of the fluidized bed process to burn low quality carbon with high efficiency, reducing $NO_x$ emissions, and efficiently recover heat energy from exhaust. Compared with a conventional rotary kiln, it can reduce 10%～25% of energy consumption. As the institution involved in counter-policies related to international coal utilization, NEDO carried out a joint demonstration project for the kiln system of fluidized bed cement sintering with a scale of 1,000t/d in Zibo city of Shandong province from 2005 to 2007.

## 4.4 Co-benefits Technology for Other Industries

### 4.4.1 CHP Area

The CHP system makes use of urban coal gas and other fuels to drive a gas-fired generator and diesel generator for power generation, and meanwhile it uses the exhaust from these machines for heat supply (steam, warm water). It consists of a prime motor, generator, exhaust recovery device and exhaust utilization machines. The maximum heat efficiency in a large-volume and high-efficiency power plant is only about 42%, thus if the exhaust is used for recovery, theoretically even a small-scale system can achieve 80% of comprehensive heat efficiency②.

① Strategic Technology Roadmap in Energy Field, The Institute of Applied Energy (IAE).

② Heisei 16, Annual Report on the Survey of Energy Saving Technology Project by Energy Conservation Center, Japan (ECCJ) (Japanese：平成 16 年度省エネルギー技術普及促進事業調査報告書).

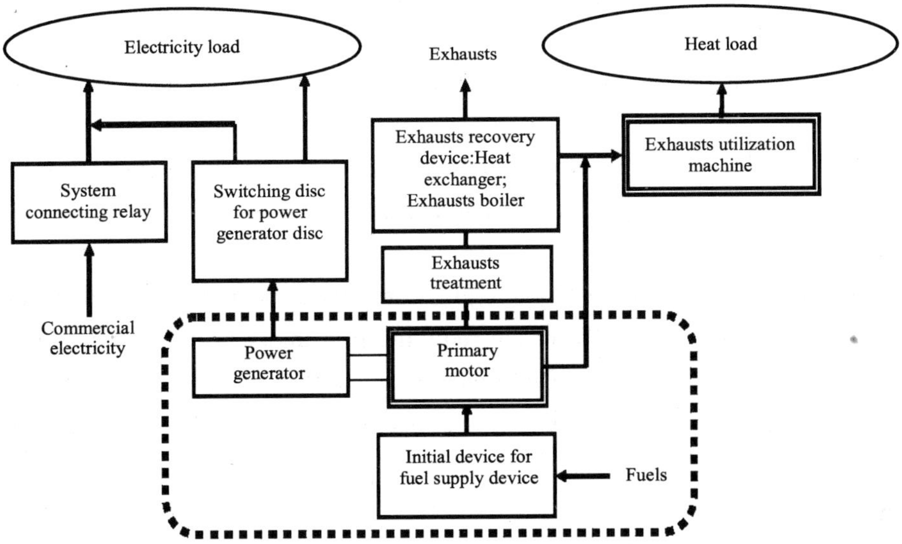


Figure 4-3 Technical Flowchart of CHP

(Source: Manual for the Technology Transfer of Counter Policies for Global Warming, revised version of 2008)

### 4.4.2 Heat-Storage Type Combustion Devices with Rapid Switching Function

Heat-Storage Type Combustion Devices with Rapid Switching Function is a device installed with two combustors as one set inside a heat storage unit. When the combustor (A) on one side burns, exhaust is collected on the other side of the combustor (B), and released after heat exchange with the heat storage unit. After 20 to 60 seconds, the fully heat-charged combustor B in the heat storage unit which had heat exchange with combustion exhaust is started for combustion. The combustors A and B repeatedly alternate the process, and can recover 50%～90% of the exhaust. The device is a furnace characterized by in-depth exhaust recovery, high temperature air combustion, high efficiency (energy-saving), and low $NO_x$ combustion. Compared with the conventional combustion technique, it can achieve over 30% of energy-saving, over

30% of $CO_2$ reduction, and over 50% of $NO_x$ reduction[①].

## 4.5 Brief Summary and Evaluation of Co-benefit Technologies

Through evaluation of co-benefit technologies for air pollution control and GHG emissions reduction, the following characteristics can be listed.

First, the number of co-benefits technologies currently utilized in each sectors remains limited, for instance, CDQ, TRT in the steel and iron industry, high efficiency power generation, fuel switch and renewable energy technology in the power industry, and power generation devices for waste heat utilization and SP technique in the cement industry.

Second, the main co-benefit technologies in each sector are technology for saving energy and increasing energy-efficiency or reducing fossil fuels, which contribute to decline of GHG emissions such as $CO_2$ and air pollution such as $SO_2$, $NO_x$. The clean production technology and front-end preventive-measures have bigger co-benefits potential, while the end-of-pipe technologies have smaller co-benefits potential or even minus.

Third countries/areas such as Japan and EU are actively promoting the diffusion of co-benefits technologies internationally, which contribute to reductions of GHG emissions and air pollution.

Fourth, co-benefits related technologies which achieve both GHG emissions reduction and air pollution control are being actively promoted in China. In other words, the diffusion of co-benefit technologies is generally a common goal in industrial policies in China. For example, the "Energy Saving Technology Policy Outline In China" issued by NDRC, proposed to promote introduction of TRT technology, and selected this technology as one of the important projects for promotion. National industry and the

① Heisei 20, Support measures for development of energy saving technology (NEDO) (Japanese：平成 20 年度 NEDO 技術開発機構の省エネルギーへの支援策).

ministry of information issued a statement that the diffusion rate of dry type TRT should reach 100% by 2014. Also, China promoted a series of measures for promoting CDQ technology. The “Admittance condition of coking industry” in 2005 ruled that CDQ equipment should be constructed in principle to synchronize with new construction and reforming of the cokes oven. CDQ is also included in “The Guideline Catalogue for Industrial Restructuring”, and this kind of project is listed in the national finance subsidy project.

Fifth, how much co-benefits related to GHG and air pollutant reduction can be achieved by introducing technologies depends on the scale of equipment, and stability of operation. Therefore, even if the same technology is introduced, the effects will be different for different operating environments.

# 5 Assessment Methodologies for Co-benefits

The study specifically developed assessment mcthodologies of "dragnet" and "classification" for the co-benefits of pollution emissions reduction. This assessment is done from the bottom up. "Dragnet" means to perform an assessment on all measures, while "classification" means to classify and assess the measures according to China's pollution emissions reduction measures.

## 5.1 Purpose

The purpose of developing the assessment methodologies for the co-benefits of pollution emissions reduction is: to quantitatively assess the contribution of pollution emissions reduction measures to the mitigation of GHG which were implemented in certain regions at certain periods of time.

## 5.2 Conceptual Framework

The conceptual framework of the assessment methodologies for the co-benefits of pollution emission reduction is: first, to identify the targets for pollution emission reduction in the given region and specific measures, then, classify the pollutants emissions reduction measures into three categories:"emission reduction by engineering", "emission reduction by structural adjustment", and "emission reduction by operational management" as used for pollution emissions reduction; for each type of pollution emissions reduction, do quantitative calculations on the amount of related GHG emissions reduction by using the emission reduction of $SO_2$ and COD, based on the calculation methodologies for $SO_2$ and COD as stipulated in China's "Rules for Calculating the Total Emission Reduction of Main Pollutants" (hereafter referred as

"Rules"); to use different co-benefits assessment methodologies based on the types of pollution emissions reduction projects and different desulphurization processes, however, the same or similar calculations should be used as much as possible for the same or similar types of projects to reduce the discrepancy in methodologies and make it easier to apply in different regions. The assessment developed through the study during Phase I only involves the calculation of related $CO_2$ emissions reduction through the reduction of $SO_2$ in air pollution control; it does not involve COD emissions reduction measures, nor methane or other GHG.

The "co-benefits coefficient" is used to indicate the GHG emissions reduction accompanying each ton of air pollutant emissions reduction in a certain region when total emission control measures are implemented. The specific calculation for the "co-benefits coefficient" is to divide the GHG emissions reduction amount by the local pollutant emissions reduction amount, for the given total emission control measures. i.e.:

$$\text{Co-benefits coefficient} = \frac{\text{GHG emissions reduction}}{\text{Local pollutant emission reduction}}$$

A larger co-benefits coefficient means more emissions of GHG are reduced while reducing unit local pollutants, which also means the co-benefits of implementing total emission control measures in the region is better. The coefficient can be an indicator for evaluating the performance of a certain total emission reduction measure or technology looking from the perspective of co-benefits. The co-benefits coefficient can also be used to compare the co-benefits effects of different total emission control measures in the same region, for example, to compare the co-benefits of structural adjustment measures with that of engineering emission reduction measures in a region, or to compare the co-benefits of the same total emission control measure in different regions, for example, the comparison between Panzhihua City and Xiangtan City in terms of structure emission reduction.

## 5.3 Calculation Methodologies

According to the Rules, the emission of $SO_2$ during the calculation period equals to the sum of the $SO_2$ emission in the previous year and the new $SO_2$ emission during the calculation period minus the new $SO_2$ reduction during the calculation period. The formula for the calculation is as follows:

$$E=E_0+E_1-R$$

Where, $E$ is $SO_2$ emission during calculation period, ten thousand tons;

$E_0$ is $SO_2$ emission in the previous year (half year), ten thousand tons;

$E_1$ is new $SO_2$ emission during calculation period, ten thousand tons, including emissions due to abnormal operation of desulphurization devices, ten thousand tons;

$R$ is new $SO_2$ reduction during calculation period, ten thousand tons.

As the pollution emission reduction measures only affect the new $SO_2$ reduction in the above equation, the methodology of the project only considers the new increased $SO_2$ reduction, i.e., only considers the R value, and the corresponding co-benefits for $CO_2$ emission reduction. The formula for calculating the new $SO_2$ reduction is as follows:

$$R=R_{engineering}+R_{management}+R_{structure}$$

Where, $R_{engineering}$ is new increased reduction by engineering, ten thousand tons;

$R_{structure}$ is new increased reduction by structural adjustment, ten thousand tons;

$R_{management}$ is new increased reduction by supervision and operational management, ten thousand tons.

To be specific, the total emission reduction of $SO_2$ equals to the sum of emission reduction by engineering measures, by management measures, and by structural measures.

## 5.3.1 Emission Reduction by Engineering

According to the Detailed Rules, the emission reduction by engineering measures should be the sum of the following factors: the new increased emission reduction (hereafter referred as "the amount") resulting from flue gas desulphurization (FGD) engineering, such as the amount from desulphurization engineering of existing coal-fired power generating units, sintering machines from the ferrous metal smelting industry, etc; the amount from the FDG engineering of industrial coal-fired boilers (kilns), the amount from FDG engineering of various smelting furnaces in the non-ferrous metal industry; the amount from clean fuels partly or totally replacing original coal (oil) in the coking industry, clean fuels such as coke oven gas, natural gas, seam gas, methane, coal gas and blast furnace gas etc.; the amount from desulphurization and brenstone recovery engineering in petrochemical industry; the amount from other desulphurization engineering (such as glasses, sulfuric acid manufacturing, limestone and other kilns and furnaces ). These can be indicated by the following formula:

$$R_{\text{engineering}} = R_{\text{power engineering}} + R_{\text{steel engineering}} + R_{\text{boiler engineering}} + R_{\text{ferrous engineering}} + R_{\text{coke engineering}} + R_{\text{reform engineering}} + R_{\text{chemistry engineering}} + R_{\text{other engineering}}$$

Taking the amount resulting from desulphurization engineering of existing coal-fired power generating units as example, the amount equals to: the sum of the amount from desulphurization devices of existing units newly put into operation during the calculation period, the amount from desulphurization devices of existing units under overload operation during the calculation period which were put into operation in the previous year, the amount due to the steady increase of power generation during the calculation period resulting from desulphurization devices which have operated for a year, the amount due to the calculation period after expansion and increased efficiency of desulphurization devices which have operated for over a year, and the amount due to the calculation period from the coal-replacing gas fuels at existing power units. This can be indicated by the following formula:

$$R_{\text{power engineering}} = R_{\text{power new}} + R_{\text{power conversion}} + R_{\text{power increase}} + R_{\text{power reform}} + R_{\text{power replacement}}$$

The increased emission reduction from desulphurization devices of existing power units which were newly put into operation during the calculation period $R_{\text{power new}}$ can be calculated by the following formula:

$$R_{\text{power new}} = \sum_{i=1}^{n} M_i \times S_i \times \eta_i \times 1.6 \times 10^{-2}$$

Where, $M_i$ is coal consumption from the second month after 168 hours transfer with the desulphurization devices of the existing No.$i$ unit which were newly put into operation during the calculation period, ten thousand tons; the coal consumption is primarily based on actual data verified on site, and the data is verified according to the monthly power generation. If the above data is not available, then the calculation is done based on the percentage of the operation months of desulphurization devices and the coal consumption of power units during the calculation period;

$\eta_i$ is comprehensive desulphurization efficiency, which is the comprehensive efficiency of the desulphurization devices of the existing No.*i* unit which were newly put into operation during the calculation period, %;

$S_i$ is average sulfur content of coal, which is the average sulfur content of coal in the data bank of environmental statistics in 2005 for No. *i* existing coal-fired desulphurization units,%;

*n* is the new increased number of desulphurization devices installed and put into operation at existing power unit;

1.6 is the comparative coefficient for $SO_2$ converted from the sulfur content of coal according to the Manual for Emission Coefficients at Industrial Pollution Sources for the Survey of Pollution Sources issued by MEP, i.e., the mass ratio between $SO_2$ and S which is 64/32, is multiplied by 0.8 which is the comparative coefficient for the ratio of the carbon content of coal and the converted $CO_2$.

The new increased $SO_2$ emission reduction from control projects includes the $SO_2$ emission reduction resulting from implementing several engineering projects, such as the recovery of waste energy (residual heat and pressure), fuels switch, flue gas treatment, etc. The calculation methodologies for different engineering controls vary.

**(1) Waste energy (residual heat and pressure) recovery**

The following formula can be used if the emission reduction of $SO_2$ achieved through CDQ and other devices for coke furnaces is regarded as equal to the $SO_2$ emission from replacement of coal-fired power generation.

$$E(SO_2)=P\times EFSO_2$$

Where, $E(SO_2)$ is $SO_2$ emission from replacement of coal-fired power generation, t;

*P* is annual power generation with CDQ devices, ten thousand MWh: estimated value;

$EFSO_2$ is $SO_2$ emission coefficient from coal-fired power generation, $t\text{-}SO_2/MWh$: estimated value.

The following formula can be used if the amount of $CO_2$ emission reduction is regarded as equal to the $CO_2$ emission from replacement of coal-fired power generation.

$$E(CO_2)=P\times EFCO_2$$

Where, $E(CO_2)$ is $CO_2$ emission from replacement of coal-fired power generation, t;

*P* is annual power generation with CDQ devices, ten thousand MWh: estimated value;

$EFCO_2$ is $CO_2$ emission coefficient from coal-fired power generation, $t\text{-}CO_2/MWh$: estimated value.

**(2) Fuel switch**

The following formula can be used if the $SO_2$ emission reduction achieved through the coal-to-gas fuel switch at power units is regarded as equal(※)to that before the fuel switch at power units. (※ the emission of $SO_2$ is 0 as the sulfur content in natural gas is 0)

$$E(SO_2)=M\times S\times 1.6\times 100$$
$$=M\times S\times (64/32\times 0.8)\times 100$$

Where, $E(SO_2)$ is $SO_2$ emission before the fuel switch at power units, t;

*M* is annual coal consumption, ten thousand t-coal;

*S* is average sulfur content of coal, %;

64/32 is $SO_2$ to S mass ratio;

0.8 is the coefficient for the ratio of coal carbon and $CO_2$ (See "Manual for Emission Coefficients at Industrial Pollution Sources for the Survey of Pollution Sources" issued by MEP ).

$CO_2$ emission reduction, as the difference between the $CO_2$ emission from coal-fired power units and that from gas-fired power units, is calculated based on the following formula:

$$R(CO_2)=M\times C_{coal}\times(44/12\times0.8)-Q\times C_{gas}\times(44/12\times1.0)$$

or, because $M=Q\times H\times1.4\times10^{-3}$,

$$R(CO_2)=M\times C_{coal}\times(44/12\times0.8)-(M/H/1.4/10)\times C_{gas}\times(44/12\times1.0)$$

Where, $R(CO_2)$ is $CO_2$ emission reduction achieved through fuel switch at power units, t;

$M$ is annual coal consumption, t;

$C_{coal}$ is average carbon content of coal, t-C/t;

$Q$ is annual gas consumption, $m^3$;

$C_{gas}$ is average carbon content of gas, t-C/$m^3$;

$H$ is heat value of gas, kg-coal/$m^3$.

**(3) Flue gas desulphurization**

Using the emission rate of $SO_2$ before and after the desulphurization project, and the production time of the coke furnace for calculating the $SO_2$ emission reduction $R(SO_2)$ achieved through flue gas desulphurization projects, with the following formula:

$$R(SO_2) = (V_{previous\ year} - V_{present\ year})\times T\times 10^{-3}$$

Where, $V_{previous\ year}$ is emission rate of $SO_2$ before desulphurization project, kg/h;

$V_{present\ year}$ is emission rate of $SO_2$ after desulphurization project, kg/h;

$T$ is production time of coke furnace, h.

Using $CaCO_3$ and $Ca(OH)_2$ as additives, and employing the flue gas desulphurization devices to remove the $SO_2$ from power generating units (power) and sintering machines (iron & steel) will contribute to $SO_2$ emissions reduction, but not contribute to $CO_2$ emissions reduction.

$$CaCO_3 + SO_2 + 1/2O_2 + 2H_2O \longrightarrow CaSO_4\cdot 2H_2O + CO_2$$

$$Ca(OH)_2 + SO_2 \longrightarrow CaSO_3 + H_2O$$

Because the mass ratio between $CO_2$ and $SO_2$ is 44∶64, therefore, for each 1t-$SO_2$ emissions reduction, the emissions of $CO_2$ will be 0.6875(=44/64)t.

Using $R(SO_2)$, which is the emission reduction of $SO_2$ achieved through flue gas desulphurization projects and the $CO_2$∶$SO_2$ mass ratio(44/64)for the calculation of $CO_2$ emission, which is $E(CO_2)$, which is based on the following formula:

$$E(CO_2) = R(SO_2) \times (44/64)$$

Using $NH_4OH$ instead of $CaCO_3$ for the desulphurization agent, the emission reduction of $SO_2$ can be predicted by the dissolution of $SO_2$, and it is the same with $CO_2$. $(NH_4)_2SO_4$ is generated when $SO_2$ dissolves in $NH_4OH$. The chemical equation is as follows:

$$SO_2 + 1/2O_2 + H_2O \longrightarrow H_2SO_4$$

$$H_2SO_4 + 2\ NH_4OH \longrightarrow (NH_4)_2SO_4 + 2\ H_2O$$

$(NH_4)_2CO_3$ is generated when $CO_2$ dissolves in $NH_4OH$. The chemical equation is as follows:

$$CO_2 + H_2O \longrightarrow H_2CO_3$$

$$H_2CO_3 + 2\ NH_4OH \longrightarrow (NH_4)_2CO_3 + 2H_2O$$

Besides, the ratio of water(20℃)soluble volume of $SO_2$ gas and $CO_2$ gas is 39：0.88. To convert it to weight, the ratio is 64×39：44×0.88=2,496：39

Therefore, with the $NH_4OH$ treatment method, the emission reduction of $CO_2$ is 0.0156(=39/2,496)t-$CO_2$ for each 1t-$SO_2$ emission reduction.

$R(SO_2)$is the $SO_2$ emission reduction achieved through flue gas desulphurization projects, and the soluble weight ratio of $CO_2$ gas and $SO_2$ gas, are used to calculate $CO_2$ emission reduction is $R(CO_2)$, based on the following formula:

$$R(CO_2) = R(SO_2) \times (39/2{,}496)$$

## 5.3.2 Emission Reduction by Structural Adjustment

The same principle is applied for calculation of the emissions reduction by structural adjustment, which is the sum of the new increased emissions reduction (the amount) resulting from closing down and suspension of small power units, the amount from electricity trading between small and large power units, the amount from closing down and suspension of small iron & steel plants with sintering machines, the amount from simultaneous closing down and suspension of coal-fired boilers in water related industries, and the amount from closing down and suspension of other backward production capacity (for example: non-ferrous metal smelting, construction & materials and oil refineries, etc.). This can be indicated by the following formula:

$$R_{\text{structure}} = R_{\text{closing power}} + R_{\text{trading}} + R_{\text{closing steel}} + R_{\text{simultaneous closing}} + R_{\text{closing of others}}$$

As with engineering emissions reduction, the calculation methodologies also vary with different structural emissions reduction measures.

**(1) Calculation methodologies for coal consumption**

Taking the closing down and suspension of small power units as an example, the formula for calculating the annual new increased emission reduction ($SO_2$) from each small power unit in the "Rules" is as follows:

$$R_{\text{closing power}} = (G_{\text{previous year}} - G_{\text{present year}}) / G_{\text{previous year}} \times E_{\text{previous year}}$$

Where, $G_{\text{present year}}$, $G_{\text{previous year}}$ are the fuel consumption at those units closed down or suspended in the present year and previous year during the calculation period respectively, ten thousand tons.

For coal-fired power plants, the formula in the "Detailed Rules" for calculating the $SO_2$ emission amount in the present year is as follows:

$$E_{\text{present year}} = G_{\text{present year}} \times S \times 1.6$$

Where, $S$ is the average sulfur content of coal in the present year;

1.6 is the comparative coefficient for $SO_2$ converted from the sulfur content of coal according to the Manual for Emission Coefficients at Industrial Pollution Sources for the Survey of Pollution Sources issued by MEP, i.e., the mass ratio between $SO_2$ and S which is 64/32, is multiplied by 0.8 which is the comparative coefficient for the ratio of the carbon content of coal and the converted $CO_2$.

Similarly, the formula for the calculation of $SO_2$ emission from power units in the previous year is as follows:

$$E_{\text{previous year}} = G_{\text{previous year}} \times S \times 1.6$$

Therefore, when the power units are closed down or suspended,

$$G_{\text{present year}} = 0,\quad R_{\text{closing power}} = E_{\text{previous year}} = G_{\text{previous year}} \times S \times 1.6$$

Regarding the concept for adopting the structural adjustment measures to achieve $CO_2$ emission reduction effects, suppose the emission reduction of $CO_2$ is equal to the annual $CO_2$ emission released from the closed facilities, or we can say that both $SO_2$ and $CO_2$ come from coal, and the content of coal is the same. Therefore, the above-mentioned formula can be used to convert the S content in coal to C content, i.e., the formula for calculating the $CO_2$ emission reduction effects for structure adjustment measures is as follows:

$$E(CO_2) = M \times C \times (44/12 \times 0.8) \times 100$$

Where, $M$ is coal fuel consumption before the units are closed down or suspended;

$C$ is average carbon content of coal;

44/12 is mass ratio of $CO_2$ and C;

0.8 is coefficient for the ratio of carbon content of coal and converted $CO_2$ (See "Manual for Emission Coefficient at Industrial Pollution Sources for the Survey of Pollution Sources" issued by MEP).

**(2) Calculation methodologies for product output**

Another type is the structural adjustment measures for iron & steel plants (sintering furnace). The formula in the "Detailed Rules" for calculating the annual amount of newly increased $SO_2$ emission reduction at small iron & steel plants which are closed down or suspended is as follows:

$$R_{\text{closing steel}} = (G_{\text{previous year}} - G_{\text{present year}}) / G_{\text{previous year}} \times E_{\text{previous year}}$$

Where, $E_{\text{previous year}}$ is the $SO_2$ emission in the data bank of environment statistics for small iron & steel plants that were closed down or suspended during the same time period in the previous year, ten thousand tons.

$G_{\text{present year}}$, $G_{\text{previous year}}$ is refer to the output of sintering materials from sintering machines that were closed down or suspended during the calculation period in the present year and previous year respectively, ten thousand tons.

Likewise, when the projects are closed down or suspended,

$$G_{\text{present year}} = 0, \text{ then } R_{\text{closing steel}} = E_{\text{previous year}}$$

According to Appendix V of the “Detailed Rules” for Guidelines for Reporting and Filling in Forms for Environmental Statistics at Grassroots - Chart for $SO_2$ Emission Coefficient from obsolete backward industrial facilities, the method of pollutant emission coefficient can be used to calculate the $SO_2$ emission from iron & steel production projects before shutdown or suspension, thc formula is as follows:

$$E(SO_2)_{\text{previous year}} = SO_2\text{-EF(kg- }SO_2\text{/t-sintering steel)} \times P\text{(t- sintering steel/year)} \times 10^{-7}$$

Where, $E(SO_2)_{\text{previous year}}$ is $SO_2$ emission from small iron & steel plants(sintering furnace)that were shut down or suspended in previous year, ten thousand tons;

$SO_2$-EF is $SO_2$ emission per unit product at sintering furnace, kg-$SO_2$/t-sintering steel;

$P$ is output of sintering ore from the sintering furnace, t-sintering steel/year.

To convert “the emission of $SO_2$ per unit product at sintering furnaces” into “the emission of $CO_2$ per unit product at sintering furnaces”, the calculation method for $CO_2$ emission reduction is the reference of the $SO_2$ calculation method, except that the emission coefficient used for calculations is different. The $SO_2$ emission coefficient is used for $SO_2$ emission reduction, accordingly, the $CO_2$ emission coefficient is used for $CO_2$ emission reduction, and the $CO_2$ emission coefficient is based on relevant process and methodologies (mainly the mass balance law). Here, suppose the $CO_2$ emission reduction volume is equal to the annual $CO_2$ emission volume from closed facilities, or we can say that the emission of $SO_2$ or $CO_2$ per unit product output before and after shutdown is the same respectively. Therefore the calculation methodologies and formula for the $CO_2$ emission reduction after closing or suspending the sintering furnace is as follows:

$$E(CO_2)_{\text{previous year}} = CO_2\text{-EF(kg-}CO_2\text{/t-sintering steel)} \times P\text{(t- sintering steel/year)} \times 10^{-7}$$

Where, $E(CO_2)_{\text{previous year}}$ is $CO_2$ emission in the previous year from small iron & steel plants (sintering furnaces) that are closed down or suspended, ten thousand tons;

$CO_2$-EF is $CO_2$ emission volume per unit product from sintering furnaces, kg-$CO_2$/t-sintering steel;

*P* is output of sintering steel from sintering furnace, t-sintering steel/year.

### 5.3.3 Emission Reduction by Operational Management

According to the "Rules", the newly increased $SO_2$ emission reduction volume ("the volume") from management control measures mainly includes: the amount resulting from desulphurization devices inside circulating fluidized bed boilers which is confirmed based on on-line monitoring, the amount from increased operation efficiency of desulphurization devices, and the amount resulted of clean production examination and the corresponding implementation plans.

The implementation of management emission reduction increases production efficiency, and reduces the consumption of materials and energy per unit product output, and the pollutant emission volume per unit product, i.e., it reduces the pollutant emission coefficient per unit product, therefore, the emission reduction can be calculated by using the difference between air pollutant emission coefficients before and after application of the management approach. For example:

$$R(SO_2) = \text{“}SO_2\text{-EF(before emission reduction)} - SO_2\text{-EF(after emission reduction)”} \times P\text{(t-output/year)}$$

Where, $R(SO_2)$ is $SO_2$ emission reduction volume, ten thousand tons;

$SO_2$-EF is $SO_2$ emission reduction volume per unit product inside boilers;

*P* is product output inside boilers.

Likewise, using $CO_2$ emission reduction to replace $SO_2$ emission reduction as mentioned above, the $CO_2$ emission reduction volume resulting from operational management control measures can be calculated:

$$R(CO_2) = \text{“}CO_2\text{-EF(before emission reduction)- } CO_2\text{-EF(after emission reduction)”} \times P\text{(t-output/year)}$$

Where, $R(CO_2)$ is $CO_2$ emission reduction volume, ten thousand tons;

$CO_2$-EF is $CO_2$ emission reduction volume per unit product inside boilers;

*P* is product output inside boilers.

# 6 Case Study of Co-benefit Assessment in Panzhihua City

## 6.1 Basic Facts about Panzhihua City

Directly under the administration of the Sichuan provincial government, Panzhihua City lies in the boundary area between Sichuan Province and Yunnan Province in southwest China where the Jinshajiang River and Yalongjiang River join together. To the northeast, it borders on three counties (Huili, Dechang, and Yanyuan) of Liangshan Yi autonomous prefecture, Sichuan Province; and to the southwest, it borders on another three counties (Ninglang, Huaping, and Yongren) of Yunnan province. The Chengdu-Kunming railway and No. 108 state highway pass through the city, which links the city of Chengdu 749 km to the north and the city of Kunming 351 km to the south, making Panzhihua an important transport and commerce hub on the "South Silk Road" and a convenient location in Sichuan Province for traveling to border ports and coastal ports in South China and Southeast Asia countries. The urban area of Panzhihua City is located in the dry and hot valley of the Jinshajiang river.

Panzhihua is a resource-based industrial city with the iron and steel industry being the principal industry, and is the largest iron and steel base in the west of China with four pillar industries which are iron and steel, energy, vanadium and titanium, and electrical metallurgy. In 2008, the industrial output of the four pillar industries was 63.3 billion RMB, accounting for 89% of the total industrial output of the large-scale industries of the city. Panzhihua has the largest vanadium industry in China with world leading production technologies, being one of the most important production bases of vanadium products in the world. Panzhihua is rich in natural resources and especially well known for being endowed with highly concentrated and well matched mineral resources and hydro energy.

However, similar to most of the resource-based heavy industrial cities, Panzhihua has also experienced a process of extensive development in the past characterized by "high energy consumption", "heavy pollution", and "high emission", thus resulting in severe environmental problems due to a large environmental protection deficit, industrial structure-induced heavy pollution, and weak environmental management. These environmental issues have become a bottle-neck hampering the development of the city.

## 6.2 Policy on Total Emission Reduction in Panzhihua

In 2004, the Sichuan provincial government issued a decision on further strengthening environmental protection activities, in which it was stated that by the year 2010, the trend of environmental pollution and ecological degradation in Sichuan Province should be effectively curbed; the total amount of pollutant emission would be reduced by a large margin; the air quality in key cities would be at grade II or better; and the total $SO_2$ emission in the $SO_2$ emission control area and acid rain control area (hereinafter referred to as "two controlled areas") would be controlled within 500 thousand tons, thus significantly reducing the acid rain. In 2010, the suggestions on conducting environmental pollution liability insurance were released, which provided that environmental pollution liability insurance would be carried out in batches in industries/enterprises which give rise to heavy pollution, are prone to risk, and easier to assess damage. In the meantime, participation in environmental pollution insurance will be one of the important factors in assessing the performance of enterprises in respect to green credit and environmental protection.

In addressing environmental pollution issues, Panzhihua City formulated energy conservation and emission reduction targets for the $11^{th}$ FYP period, by taking the opportunity of implementing the "three historical transformations" and following the idea of intensifying treatment and control, prioritizing major issues, and making overall progress. It was requested in the total emission control plan for major pollutants in Sichuan Province in the $11^{th}$ FYP period that energy consumption per unit GDP in

Panzhihua City should be reduced by 22% by the end of 2010 compare with the 2005 level, with an average annual declining rate of 5%, thus enabling the unit energy consumption index of key industrial products to achieve or approach the national average; COD and ammonia nitrogen discharges need to be controlled within 18,000 tons and 2,200 tons during the same period, respectively, curbing to 1,801 tons and 953 tons in 5 years; the total $SO_2$ emissions need to be controlled within 81,000 tons, 29.4% less than 2005, with a net reduction of 33,741 tons in 5 years.

To realize the above-mentioned total emission reduction targets in the $11^{th}$ FYP period, the following important measures were taken in Panzhihua City:

First, the Implementation Program and Action Plan for emission reduction were developed. The Implementation Program for total emission reduction of major pollutants in Panzhihua City was developed, based on which the 2008 Action Plan and the 2009 Action Plan for the total emission reduction of major pollutants in Panzhihua City were also developed. These were worked out respectively in which emission reduction projects were put in place one by one with each project being linked to the emission reduction process, thus ensuring the overall progress of the total emission reduction of major pollutants in the $11^{th}$ FYP period.

Second, responsibilities were clearly divided. In 2007, the Agreement on responsibility for emissions reduction of major pollutants in Panzhihua City in the $11^{th}$ FYP period was signed between the Panzhihua municipal government and each county and district, the vanadium & titanium industrial park, Pangang Group Steel Vanadium &Titanium Co., Ltd., and Panzhihua Coal Industry Group Co., Ltd., etc., in which the status of fulfillment of pollution control targets was an important factor in assessing the government's performance. The emission reduction targets for major pollutants in each individual county/district had been further decomposed and assigned to relevant enterprises.

Third, strengthening implementation and proactively promoting emission reduction by engineering projects. On the one hand, time-bound emission reduction projects at provincial or municipal levels were put in place based on the principle of residence management and tiered responsibility; on the other hand, great attention was given to two key projects – Pangang sintering machine desulphurization and power plant desulphurization, thus speeding up the $SO_2$ treatment process and promoting $SO_2$ emission reduction in the whole city.

Fourth, the optimization and adjustment of industrial structure was expedited. Led by the optimization of industrial structure, the process of phasing out outdated production capacity in power, iron and steel, construction materials, and iron alloy industries was accelerated by employing such measures as "shutting down plants, stopping production, merging, and transforming businesses". Four 50 MW power generation units of the electricity company were shut down ahead of schedule and 22 projects of the Dingjin coking company that were not in conformity with industrial development policies were phased out. During the period 2005—2007, more than 90 projects that were not in conformity with industrial development policies and urban planning requirements, or that caused heavy pollution, were cancelled or phased out.

Fifth, monitoring and supervision were strengthened. On-the-spot examination of pollutant emission reduction projects had been strengthened to ensure the effectiveness of the emission reduction projects. The random on-site check of emission reduction projects could ensure the reality of those projects and identify issues that need to be addressed. Emphasis was laid on monitoring and supervision of key emission reduction projects in the metallurgical, power, and cement industries with regular on-site supervision being conducted, thus ensuring the sound operation of environmental facilities.

Sixth, examination and approval of projects was intensified and a total emission control system was implemented. An environmental capacity-based mechanism and total emission control system were employed in examining and approving new construction projects. Projects without total emission quota or origin would not be allowed to proceed, thus strictly controlling incremental emission by newly built projects.

## 6.3 Assessment on the Co-benefits of Total Emission Reduction Measures in Panzhihua City and GHG Reduction

The specific targets for the co-benefits assessment in Panzhihua were the 29 measures for the total emission reduction of $SO_2$ emission stipulated in the Implementation Program for total emission reduction of major pollutants in Panzhihua City, including the close down of No. 1, No. 2, No. 5 and No. 6 power generation units of Sichuan Huadian Panzhihua Power Corporation, and the desulphurization treatment for No. 3, No.4, No. 5, and No. 6 sintering machines in Panzhihua Iron & Steel Group Corporation, etc. The time scope for the assessment was the 11$^{th}$ FYP period. To achieve a reliable outcome, the data on pollution sources and coefficients used in the study were, to the largest extent, taken from measured data. [Taking the carbon content of different coal as example, due to it varies in projects, the single defalut was avoided in ineasurement.]

### 6.3.1 Assessment on the Co-benefits of Structure Emission Reduction Measures

There were 17 structure emission reduction measures taken for the total emission reduction in Panzhihua during the 11$^{th}$ FYP period, including the shut-down of No. 1 power generation unit (50MW) of Sichuan Huadian Panzhihua Power Corporation, which involved the power, iron and steel, cement, and coking industries. Two methods were used to assess those emission reduction measures: one was to assess the fuel consumption, the other was to assess the product output. A specific assessment by employing those two methods is illustrated through the cases of shutting down the No. 1 power generation unit (50MW) of Sichuan Huadian Panzhihua Power Corporation, shutting down two 66-5B coke ovens of Panzhihua Dingjin Coking Corporation Ltd., and shutting down a 2.6 meter coke oven of Panzhihua Hantong Coking Corporation Ltd.

**(1) Shut-down of the No. 1 power generation unit (50MW) of Sichuan Huadian Panzhihua Power Corporation**

The $SO_2$ emission reduction is calculated according to following formula:

$$R\,(SO_2) = M \times S \times 1.6 \times 10^4$$
$$= 11.14 \times 0.72\% \times 1.6 \times 10^4$$
$$= 1{,}283\ (t\text{-}SO_2)$$

Where, $R(SO_2)$ is volume of $SO_2$ emission reduction by shutting down electricity generation unit (tons);

$M$ is coal consumption in electricity generation: 11.14 ten thousand tons;

$S$ is average sulphur content, 0.72%.

Because both $SO_2$ and $CO_2$ is generated in the burning of fuel such as coal, the $CO_2$ emission reduction can be calculated as follows:

$$E(CO_2) = M \times C \times (44/12 \times 0.8) \times 10^4$$
$$= 11.14 \times 50\% \times (44/12 \times 0.8) \times 10^4$$
$$= 163{,}281(\text{t-}CO_2)$$

Where, $E(CO_2)$ is expected $CO_2$ emission reduction volume by shutting down electricity generation unit, tons;

$C$ is average carbon content in coal, 50%;

44/12 is mass ratio between $CO_2$ and C;

0.8 is coefficient of carbon in coal transformed into $CO_2$, 80%.

**(2) Shut-down of two 66-5B coke ovens of Panzhihua Dingjin Coking Corporation Ltd.**

The $SO_2$ emission reduction is calculated according to following formula:

$$R(SO_2) = M \times S \times 1.6 \times 10^4$$
$$= 2.389 \times 0.6\% \times 1.6 \times 10^4$$
$$= 229 \text{ (tons)}$$

Where, $R(SO_2)$ is $SO_2$ emission reduction volume by shutting down two 66-5B coke ovens, tons;

$M$ is coal consumption in generating electricity, 23,890 tons;

$S$ is average sulphur content, 0.6%;

1.6 is 64/32 (mass ratio between S and $SO_2$) × 0.8 (combustion rate).

Because both $SO_2$ and $CO_2$ are generated in the burning of fuel such as coal, the $CO_2$ emission reduction can be calculated as follows:

$$R(CO_2) = M \times C \times (44/12 \times 0.8) \times 10^4$$
$$= 2.389 \times 80\% \times (44/12 \times 0.8) \times 10^4$$
$$= 56{,}066 \text{ (tons)}$$

Where, $R$ ($CO_2$) is $CO_2$ emission reduction volume by shutting down power generation unit, tons;

$C$ is average carbon content in coal, 80%;

44/12 is mass ratio between $CO_2$ and C;

0.8 is coefficient of carbon in coal transformed into $CO_2$(80%).

**(3) Shut-down of a 2.5 meter coke oven of Panzhihua Hantong Coking Corporation Ltd.**

The $SO_2$ emission reduction is calculated according to the following formula:

$$R\ (SO_2) = SO_2\text{-EF} \times P \times 10^{-3}$$
$$= 1.52 \times 56{,}416.7/1{,}000$$
$$= 859\ (\text{tons/year})$$

Where, $R$ ($SO_2$) is expected $SO_2$ emission reduction volume by shutting down the coke oven, tons/annum;

$SO_2$-EF is $SO_2$ (1.52 kg) emission volume in production per one unit (tons) by the coke oven;

$P$ is coke output (tons/annum) of the coke oven (56,416.7 tons).

If it is assumed that the quantity of $CO_2$ emission reduction is equal to the quantity of per year $CO_2$ emission of the oven which is shut down, then the former can be calculated as follows:

$$E\ (CO_2) = E\ (SO_2)\ /\ (0.6\% \times 1.6) \times C \times (44/12 \times 0.8)$$
$$= 859/0.009{,}6 \times 80\% \times (44/12 \times 0.8)$$
$$= 209{,}978\ (\text{tons/year})$$

Where, $E$ ($CO_2$) is expected $CO_2$ emission reduction volume by shutting down the 2.5 meter coke oven (tons/year);

$E$ ($SO_2$) is expected $SO_2$ emission reduction volume by shutting down the 2.5 meter coke oven (859 tons/year);

0.6% is sulphur content of the feed coal;

1.6 is 64/32 (mass ratio between $SO_2$ and S) × 0.8 (combustion rate);

$C$ is average carbon content of coke;

44/12 is mass ratio between $CO_2$ and C;

0.8 is coefficient of carbon in coal transformed into $CO_2$ (80%).

The assessment results show that through structural adjustment measures, 12,061 tons of $SO_2$ emissions was reduced in Panzhihua City during the 11th FYP period, which also reduced $CO_2$ emissions by 2,1million tons with the comparative coefficient of co-benefits of 174.6. To look at individual industry, the cement industry had the largest comparative coefficient of co-benefits at 572.2, while the coking industry had the second highest coefficient at 244.4. The comparative coefficient of co-benefit at the iron and steel industry was the lowest at 31.7. With regard to the emissions reduction volume in industries, the power industry made the largest $SO_2$ emission reduction of 9,836 tons during the 11th FYP period, while the iron and steel industry had the smallest reduction of 267 tons in the same period. As for $CO_2$ emissions, the cement industry made the largest reduction by 173,384 tons, while that in the iron and steel industry was the smallest with 8,470 tons.

Table 6-1 Emissions reduction through structural measures and co-benefits in industries in Panzhihua City during the 11th FYP

| Industries | $SO_2$ emissions reduction (tons) | $CO_2$ emissions reduction (tons) | Comparative coefficient of co-benefits ($CO_2$ / $SO_2$ emissions reduction) |
|---|---|---|---|
| Power | 9,836 | 1,519,697 | 154.5 |
| Iron & Steel | 267 | 8,470 | 31.7 |
| Coking | 1,655 | 404,487 | 244.4 |
| Cement | 303 | 173,384 | 572.2 |
| Total | 12,061 | 2,106,038 | 174.6 |

### 6.3.2 The Co-benefits Assessment on Engineering Emission Reduction Measures

There were 12 engineering emission reduction measures taken by the power, iron and steel, and coking industries in Panzhihua City during the 11th FYP period, including a desulphurization treatment for No.1, No.2, and No.3 sintering machines in the Panzhihua iron and steel group corporation. The specific assessment process is illustrated through the cases of waste gas treatment – ammonia water spray - in the charging and pushing processes in Panzhihua Shengda Coking Corporation Ltd. and the flue gas treatment in Tianshili Mining Corporation Ltd. of Yanbian County.

**(1) Waste gas treatment – ammonia water spray - in the charging and pushing processes in Panzhihua Shengda Coking Corporation Ltd.**

$SO_2$ emission reduction:

$$R\ (SO_2) = (V_{\text{last year}} - V_{\text{present year}}) \times T \times 10^{-3}$$
$$= (3.83 - 1.61) \times 8{,}760 \times 10^{-3}$$
$$= 19\ \text{(tons)}$$

Where, $R\ (SO_2)$ is $SO_2$ emission reduction volume after installing desulphurization facility (tons);

$V_{\text{last year}}$ is $SO_2$ emission rate before the installation of desulphurization facility (kg/hour);

$V_{\text{present year}}$ is $SO_2$ emission rate after the installation of desulphurization facility (kg/hour);

$T$ is production time of the coke oven (8,760 hours).

$CO_2$ emission reduction:

$$R\ (CO_2) = R\ (SO_2) \times (39/2{,}496)$$
$$= 19 \times (39/2{,}496)$$
$$= 0.30 \approx 0\ \text{(tons)}$$

Where, 39/2,496 isweight ratio of solubility between $CO_2$ and $SO_2$ that were removed by the flue gas desulphurization facility.

**(2) Flue gas treatment in Tianshili Mining Corporation Ltd.**

$SO_2$ emission reduction:

$$E\ (SO_2) = E_{\text{before treatment}} - E_{\text{after treatment}}$$
$$= 100.6 - 40.1$$
$$= 60\ \text{(tons/year)}$$

Where, $E(SO_2)$ is expected $SO_2$ emission reduction volume after employing desulphurization treatment (tons/year);

$E_{\text{before treatment}}$ is $SO_2$ emission volume before treatment (tons/year);

$E_{\text{after treatment}}$ is $SO_2$ emission volume after treatment (tons/year).

$CO_2$ emission reduction ($CO_2$ was released because $CaCO_3$ absorption method was employed):

$$E\ (CO_2) = E\ (SO_2) \times(-44/64)$$
$$= 60 \times(-44/64)$$
$$=-41\ \text{(tons/year)}$$

Where, $E\ (CO_2)$ is expected $CO_2$ emission reduction volume (tons/year);
$E\ (SO_2)$ is reference of expected $SO_2$ emission reduction volume;
44/64 is mass ratio between $CO_2$ and $SO_2$.

The assessment results show that through engineering emission reduction measures, 43,780 tons of $SO_2$ emissions was reduced in Panzhihua City during the 11th FYP period, which, however, simultaneously increased $CO_2$ emissions by 2,074 tons with the comparative coefficient of co-benefits of 0.05. Among industries, the iron and steel industry made the largest $SO_2$ emission reduction of 34,581 tons but simultaneously increased the $CO_2$ emissions by 2,074 tons. Both the power and coking industries made no reduction of $SO_2$ emission.

Table 6-2 Emissions reduction through engineering measures and co-benefits in industries in Panzhihua City during the 11th FYP

| Industries | $SO_2$ emissions reduction (tons) | $CO_2$ emissions reduction (tons) | Comparative coefficient of co-benefits ($CO_2$ / $SO_2$ emissions reduction) |
|---|---|---|---|
| Power | 9,180 | 0 | 0 |
| Iron & Steel | 34,581 | −2,074 | −0.1 |
| Coking | 19 | 0 | 0 |
| Total | 43,780 | −2,074 | −0.1 |

### 6.3.3 Assessment on the Co-benefits of Management Emission Reduction Measures

Because the emission reduction expected through management reform measures stipulated in the Implementation Program for total emission reduction of major pollutants in Panzhihua City was not endorsed by the Ministry of Environmental Protection, this study only conducted the co-benefits assessment on $CO_2$ emission reduction through structural adjustment measures, and the technology and engineering improvement process.

## 6.4 Conclusions of the Co-benefits Assessment on Total Emission Reduction Measures in Panzhihua City and GHG Reduction

To sum up, Panzhihua City reduced 55,841 tons of $SO_2$ emissions during the 11$^{th}$ FYP period by implementing total emission reduction measures, resulting in achieving its total emission control targets of cutting total $SO_2$ emissions by 33,700 tons and remain at 81,000 tons by the end of the 11$^{th}$ FYP period, and simultaneously reducing $CO_2$ emissions by 2,1 million tons with the comparative coefficient of co-benefits of 37.7.

Among industries, the cement industry had the highest comparative coefficient of co-benefits at 572.2, followed by the coking industry at 241.6 and the power industry at 79.9. The comparative coefficient of co-benefit in the iron and steel industry was the lowest at 0.2.

With regard to emission reduction volume in industries, the iron and steel industry made the largest reduction of $SO_2$ of 34,848 tons, accounting for 62.4% of the total $SO_2$ emission reduction, but had the least $CO_2$ emission reduction, only accounting for 0.3% of the total $CO_2$ emission reduction. The power industry made the second largest $SO_2$ emission reduction of 19,016 tons, accounting for 34.1% of the total, and had the largest $CO_2$ emission reduction of 1.52 million tons, 72.2% of the total $CO_2$ emission reduction. Meanwhile, the cement industry made the least $SO_2$ emission reduction of 303 tons, 0.5% of the total $SO_2$ emission reduction, but had a relatively large $CO_2$ emission reduction of 173,384 tons, 8.2% of the total $CO_2$ emission reduction.

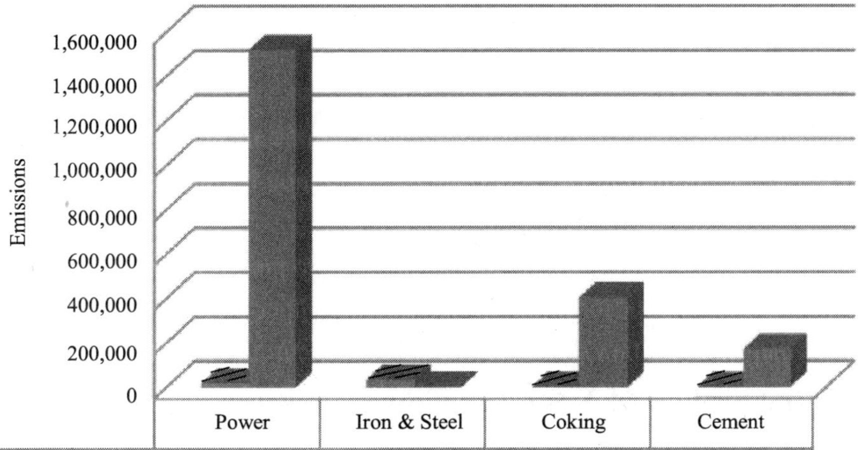


| | Power | Iron & Steel | Coking | Cement |
|---|---|---|---|---|
| $SO_2$ ER(tons) | 19,016 | 34,848 | 1,674 | 303 |
| $CO_2$ ER(tons) | 1,519,697 | 6,396 | 404,487 | 173,384 |

Figure 6-1 Emissions reduction through total emission reduction measures in industries during the 11th FYP in Panzhihua City

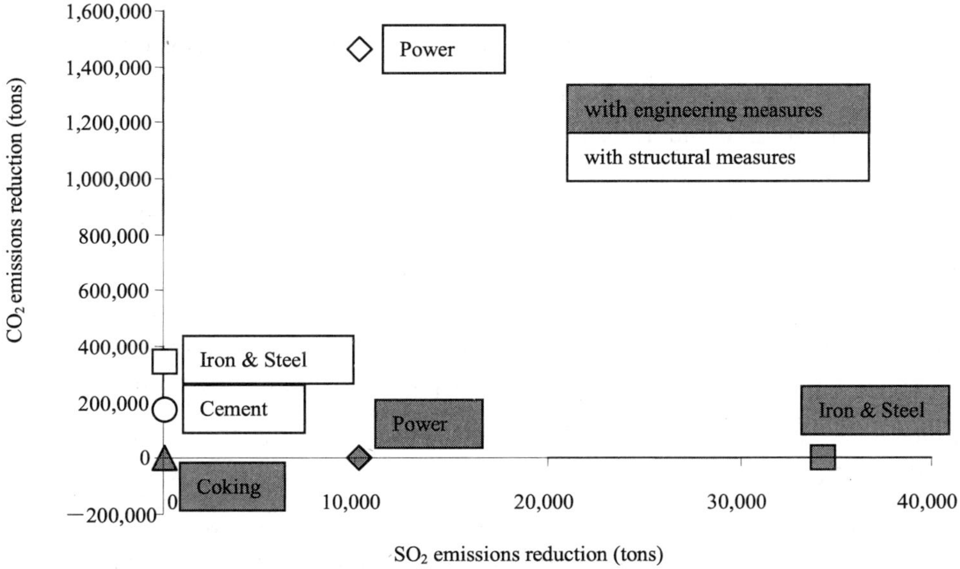


Figure 6-2 Co-benefits of total emission reduction measures in industries during the 11th FYP in Panzhihua City

# 7 Case Study of Co-benefits Assessment in Xiangtan City

## 7.1 Basic Facts of Xiangtan City

Xiangtan City lies in the middle of a hilly basin in central Hunan Province, to the south of the middle reach of the Yangtze River and the north of the Nanling Mountains, with a gently sloping terrain and a topography which is mainly plain, mounds and hills. The Xiangjiang River and its tributaries – the Lianshui River and Juanshui River - flow through the territory of Xiangtan City. Xiangtan City has a moist sub-tropical monsoon climate, and rich in water and thermal resources with an annual average temperature of 17℃ and annual average precipitation of 1,300 millimeter. Under the administration of Xiangtan City, there is Xiangtan County, Xiangxiang City, Shaoshan City, and the two urban districts of Yuhu and Yuetang. The total area and population of Xiangtan City is 5,015 $km^2$ and 2.93 million, respectively, in which the urban area and population are 282 $km^2$ and 780,000 respectively. Xiangtan, which is located 40 plus kilometer away from Changsha, the capital city of Hunan Province, and together with Zhuzhou, the three constitute the "Golden Triangle" which is the area with the most developed transportation, culture, science and technology, and economy in Hunan Province, being an important hub linked to Guangzhou, Shanghai, and other coastal cities for inland regions to develop an export-oriented economy. The Jingguang and Xiangqian railway and No. 107 and No.320 state highways pass through the territory of Xiangtan City. The Xiangjiang, the largest river in Hunan Province, flows through the urban area of Xiangtan, in which a thousand-ton cargo ship can navigate all the year round.

Xiangtan City is one of the regions in Hunan Province with a relatively well-developed economy. In 2009, Xiangtan's GDP was 73.9 billion RMB, of which, 8.93 billion RMB was the added value in the primary industry, with a 5.0% increase compared to 2008, while it was 38.776 billion RMB and 26.228 billion RMB in secondary and tertiary industries, respectively, up 16.4% and 13.0% during the same period. Calculated based on the population of permanent residents, the average per capita GDP was 26,608 RMB, a 13.2% increase compared to 2008, ranking secondly in Hunan Province. There are more than 800 large-scale industrial enterprises in Xiangtan, of which one enterprise has an annual output value of over 20 billion RMB, nine enterprises with an annual output value of more than 1 billion RMB each, and 179 enterprises with an annual output value of more than 100 million RMB each. The economy of industrial parks and development regions has been expanding vigorously. At present, there is one national high-tech development region, five provincial park/development regions and pilot regions of building "resource saving and environment friendly" society, and two municipal industrial parks/development regions. 841 enterprises have set up in the parks/development regions, of which 537 have started production and 252 are large scale enterprises. In 2009, the added value of the large scale enterprises in industrial parks/development regions was 12.6 billion RMB, accounting for 37.8% of the total added value generated by all large scale enterprises in the whole city. Industrial parks/development regions are becoming the spotlight and important pillar of Xiangtan's industry.

Xiangtan is an important industrial base both in China and in Hunan Province, and industry is of great importance in Xiangtan's economy. 70% of its GDP, total social output value and fiscal revenue are from industry. Xiangtan is a major production base for electromechanical equipment, manganese, electric cables, fluoride, tower cranes, fine chemicals, etc. Through development in the last four decades, four pillar industries have been established that lead economic growth and upgrading of the industrial structure: manufacturing of advanced equipment and clean energy equipment led by Xiangtan Electric Manufacturing Corporation Ltd.; fine steel products and deep processing of steel products led by Hualing-Xiangtan Steel Corporation Ltd.; manufacturing of light cars and their parts led by Geely Auto (China Geely Group); and the electronic & information industry led by Multi-Inno Technology Corporation Ltd.. In addition, such industrial products as electrolytic manganese dioxide, fluoride, tower cranes, electric cables and wire, AC motors, leather, and soybean sauce of the

Dragon brand are well known and gained a certain share in domestic and international markets.

On December 14, 2007, agreed by the State Council and approved by NDRC, the city agglomerate of Changsha, Zhuzhou, and Xiangtan (Chang-Zhu-Tan for short) was designated as the national pilot region for the building of a resource-saving and environment-friendly society, and a trial base for comprehensive matching reform. The development of the Chang-Zhu-Tan city agglomerate was billed as: the national demonstration region for building a resource-saving and environment-friendly society two-type society, the leading region for a new pattern of industrialization and new pattern of urbanization in Hunan Province, a core growth pole of economic development in central China, and an ecological city agglomerate with an international and modern quality. The pilot region characterized by "energy-saving and environment-friendly" is mandated the core tasks of realizing "two new patterns" in the city agglomerate and supported by integrated reform focusing on key areas and crucial links. The overall requirements are resource-saving and environment- friendly. Xiangtan City has made a good start in this regard – a high-level forum on the building of a resource-saving and environment-friendly society and the "Senior enterprise manager forum on environment" were held; 170 major projects for the building of a resource-saving and environment-friendly society were elaborated, of which 147 have been put into the key project library of the Chang-Zhu-Tan city agglomerate with a total investment of more than 524 billion RMB; 20 major research projects have been completed including a study on the development of strategic industries and the construction of their bases, and study on the exploration of investment and financing channels; they advanced pilot reform of the link between rural land treatment and land use for rural & urban construction, renovation of "villages in the city", and land requisition; advanced the reform of the road and bridge toll system; and identified the path of implementation for reform in three pilot areas - Jiuhua, Zhaoshan, and Tianyi.

However, due to some historical reasons and technological limitations at the time, there are many "environmental protection debts", resulting in environmental issues of severe industrial pollution, river basin pollution, and regional pollution. The industrial pollution mainly concentrates in Yuetang, Yisuhe of Xiangtan county, and the urban district of Xiangxiang city, with a regional pollution pattern - metallurgical wastewater pollution represented by the Xiangtan iron and steel corporation; chemical industry wastewater pollution in the Zhubugang chemical industry park and Wujiaxiang of Xiangtan county; and tanning wastewater pollution represented by the leather industry in the urban area of Xiangxiang municipality. The waste gas emission is mainly from thermal power, construction material manufacture, chemicals and metallurgical industries - the dominant industries in the economic development of Xiangtan City, whose emission of waste gas pollutants accounted for 88% of the city's total. The emission of $SO_2$, smoke, and dust in Xiangtan rank on top in the whole province. In 2005, the emission volume of $SO_2$, smoke, and industrial dust in Xiangtan was 79,700 tons, 58,800 tons, and 59,900 tons respectively, making Xiangtan one of the regions with heavy acid rain pollution in China. In the Xiangtan section of the Xiangjiang River, some pollution indicators are often higher than standards, such as cadmium, oil, fecal coliform, and total nitrogen. In the dry season, cadmium greatly exceeds the standard, thus severely affecting drinking water safety for the people living along the Xiangjiang River.

## 7.2 Total Emission Reduction Policy in Xiangtan City

In accordance with the requirements for building an "energy-saving and environment-friendly" society and to truly improve the air and water environment quality, Xiangtan City has identified the development direction of integrating energy-saving, emission reduction, and ecological environment improvement with a new pattern of industrialization, and set the energy-saving and emissions reduction targets of cutting 22% in energy consumption per unit GDP, as well as reducing the total emission of major pollutants such as COD, $SO_2$, Cd, and As by 17.5%, 6%, 23.7%, and 25.3% respectively. By taking the opportunity of pilot comprehensive matching reform for the establishment of an energy-saving and environment-friendly society in the "Chang-Zhu-Tan" city agglomerate, great efforts were made in transforming the traditional industries, aiming to achieve the energy-saving and emission reduction targets and improving the environmental quality in the Xiangjiang river basin area and Xiangxiang industrial region. During the 11$^{th}$ FYP period, energy efficiency had been significantly improved and the pollutants emission greatly reduced in such industries as iron and steel, chemicals and construction materials, and in such old industrial areas as the Zhubugang industrial park and the Xiangxiang industrial area, by promoting 10 applied technologies, developing 20 brand-new high-tech energy-saving and emission reduction products, implementing 6 key demonstration projects for integrated application of technologies (the energy-saving and emissions reduction "1126 project" in Xiangtan City, for short), and developing a supporting platform for scientific and technological innovation in energy-saving and emissions reduction. In the meantime, the 2008—2010 Action plan for total emissions reduction of pollutants and "blue sky and clean water" was formulated, in which pollution reduction, improvement of urban air quality, and integrated treatment of the Xiangjiang River were set as the three key tasks. With regard to air pollution control, the targets included reducing $SO_2$ emissions in the whole city from 84,100 tons in 2007 to 74,900 tons by the year of 2010, with a decline rate of 12.84% in three years, increasing the ratio of days of good urban air quality to 75% in 2008, over 80% in 2009, and 85% by the end of 2010, respectively. Emphasizing implementation and checking of 100 key emission reduction projects, the emission reduction measures and total emission control plan would be implemented in full swing covering industrial pollution source control, smoke control in the service industry, pollution treatment in livestock and poultry farms, flying dust control in urban area, and vehicle exhaust control, thus fulfilling the target of total emission reduction of major pollutants and "blue sky and clean water" target of the 11$^{th}$ FYP period through industrial structure adjustment, engineering treatment, and management and supervision. It was requested that all key emission reduction projects be completed by the end of 2009. A responsibility system was enforced for project implementation: the county and district (of the city) governments, industrial parks, departments directly under the municipal government, and large-scale municipality-owned enterprises were responsible entities signing responsibility contracts with municipal governments in terms of the targets of emission reduction and "blue sky & clean water" projects, in which the timing of project completion and expected effectiveness of the project had been identified. The implementation of emission reduction engineering projects, decomposition of targets, and responsibility checking were strengthened. Specific policy measures were taken in the following two aspects:

**1. Prioritizing Three Key Measures to Promote Emission Reduction**

Firstly, structural adjustment to promote structure emission reduction: Since the beginning of the 11th FYP period, 105 small-scale enterprises of zinc smelting, thermal power, cement, paper making, etc., have been closed down. Efforts were made both in upgrading traditional industries and in realizing scaled and intensive development of high-tech industries. Secondly, project development to promote emission reduction: A batch of key projects were elaborately developed focusing on technical renovation, pollution treatment, cleaner production, and circular economy. During the 11th FYP period, 62 $SO_2$ emission reduction projects and 71 COD discharge reduction projects were completed in Xiangtan City. Thirdly, management and supervision to promote emission reduction: Regular monitoring and management were strengthened for key emission reduction engineering projects including urban waste water treatment plants, desulphurization in power plants, and both advanced treatment of coking waste water and desulphurization of the sintering process in the Xiangtan Iron & Steel Corporation. With regard to the establishment of a monitoring system, an environmental monitoring and control platform and an environmental emergency center were established equipped with more than 40 sets of automatic on-line monitoring and control devices, covering 85% of key industrial pollution sources, preliminarily constituting a modern environmental monitoring and control network covering the whole city.

**2. Six Major Measures to Facilitate the Fulfillment of the Action Plan**

First, the management and supervision system of emission reduction and the "blue sky and clean water" projects were established and completed. A performance assessment system and accountability system to evaluate the performance of responsible entities and persons in terms of the progress of projects as well as the system of open commitment to the public and openness of information, releasing information on pollutant emission by key enterprises in public media and making public commitment by enterprises to implement their emission reduction and a "blue sky and clean water" action plan, were developed and completed. Establishing a regular coordination meeting system, informing the public about the progress of emission reduction and "blue sky and clean water" projects and addressing problems in implementing the action plan in addition to supporting policies and a compensation system were also adopted. For key emission reduction projects, governments of all levels should arrange necessary lead funds, grant tax preferences and actively compete to seek special funding support from provincial and central governments.

Second, responsibilities were clarified and the targets were equally allocated. The county governments and city district governments are responsible for the environmental quality of the areas under their jurisdiction, and should develop an implementation plan of total emission control of major pollutants, in which the total emission control targets are decomposed and allocated to each individual pollution unit. The environmental protection department is responsible for the overall supervision and administration of emission reduction work. The department of development and reform is in charge of incorporating the emission reduction plan into the national social and economic development plan and shutting down the small-scale thermal power plants; the department of economy management is responsible for phasing out outdated production capacity; the statistics department provides basic data on economic and urban development and forecast data on development, and releases statistics on emission reduction; the construction department and public utility department are responsible for the construction and operation of urban waste water treatment plants respectively. The department of animal husbandry and aquatic products is in charge of promoting the prevention and control of pollution from livestock and poultry farms. The financial department arranges special funds for emission reduction and the "blue sky and clean water" projects, increasing input to the management system of emission reduction and "blue sky and clean water" projects and enhancing financial support for key projects. The supervision department, in cooperation with the environmental protection department should complete the environmental protection accountability system, channeling responsibility to those localities or departments which have not truly implemented the emission reduction and "blue sky and clean water" action plan. The electricity regulatory department is in charge of implementing the plan for shutting down small thermal power generation units and enforcing measures of suspending or limiting power supply to polluting enterprises. Other relevant departments should be supportive to emission reduction work according to their respective functions.

Third, the administration and supervision of pollution permits were strengthened. More strict administration of the examination and issuing of emission permits were made, putting emphasis on the management and supervision of emission permits after being issued, and also a uniform, standardized, and complete dynamic database on emission permits was established. Implementing the annual examination of emission permits is enforced jointly by industry and the commerce department and environmental protection department, and environmental laws are now also more strictly enforced. According to the rules of law, environmental protection departments at all levels should disclose and punish those enterprises that discharge pollutants without permits or not in accordance with the requirements of the permit, and those which refuse to implement pollution treatment obligations, and violate environmental laws and regulations. The government should organize relevant departments to force those enterprises which were ordered to shut down or stop production, and which failed to do so, to close. Measures should be taken to prevent the resurgence of shut-down enterprises, thus ensuring the achievement of emission reduction.

Fourth, policy support for the emission reduction and "blue sky and clean water" engineering projects was enhanced. Emission reduction projects should enjoy a financial subsidy of which the full allocation should be guaranteed by governments at all levels. Governments at all levels should also arrange necessary guide funds for key emission reduction projects and provide sound services in administrative approval procedures, including land use.

Fifth, great attention was paid to the two "Ten Key Projects" to facilitate the implementation of the action plan. Ten pivotal projects were selected from the key emission reduction and "blue sky and clean water" engineering projects with municipal government being responsible for their implementation, hoping that they could have a demonstration effect and facilitate the implementation of other projects. In the meantime, ten enterprises including Xiangtan power corporation Ltd. and the waste water treatment plant of Xiangxiang leather industrial park were put under focused monitoring and supervision, and the monitoring and supervision of completed key pollution control engineering projects were strengthened to ensure a stable standard compliance emission.

Sixth, awareness-raising on the emission reduction and "blue sky and clean water" engineering projects was intensified, putting emphasis on the Implementation Program to stimulate all people into action for energy-saving and emission reduction, and commending /rewarding those enterprises, institutions and individuals which made significant contribution to emission reduction and the "blue sky and clean water" engineering projects. Promoting awareness of the public on environmental protection and creating an environment for public participation in emission reduction and the "blue sky and clean water" engineering projects were also part of the action.

## 7.3 Assessment of Co-benefits in Xiangtan City

A specific assessment was conducted on 18 measures for $SO_2$ emission reduction stipulated both in the Environmental protection plan of Xiangtan City for the $11^{th}$ FYP period and in the 2008—2010 total emission reduction of major pollutants and "blue sky and clean water" action plan, including structural adjustment measures such as the shut-down of No. 7, 8, 9 small power generation units (25 MW and 50MW) and four production lines of the wet rotary kiln of Shaofeng cement plant, and the phasing-out of three coal-fired boilers (60 tons in total); and engineering treatment emission reduction measures such as the flue gas desulphurization of four large scale power generation units in Xiangtan power plant, desulphurization of the 360 $m^2$ sintering machine and power generation by using residual heat and pressure in Hunan Hualing Iron & Steel Corporation, and the coal-to-gas transformation project in hotels and hospitals in the urban area.

The emission reduction volume through management measures was not taken into account and verified. Therefore, this assessment was conducted only on the emission reduction achieved through structural adjustment measures and engineering treatment projects with the time frame of the $11^{th}$ FYP period. The data and parameters used in calculating emission reduction in this study were from a statistics database and measured data. In evaluating $CO_2$ emission reduction, the carbon content of different types of coal was tested by sampling coal from different industries in order to obtain reliable results. The assessment of co-benefits of total emission reduction measures in Xiangtan City was conducted by employing the method developed by this study.

### 7.3.1 Emission Reduction Through Structural Adjustment

Structural adjustment projects for emission reduction mainly covered the shutdown of small thermal power generation units and the phasing-out of coal-fired boilers in the chemical industry and outdated wet production lines in the cement industry. The specific method of assessment is presented below:

(1) The $SO_2$ emission reduction volume through shutting down No. 7, 8, and 9 small power generation units of Xiangtan power plan is calculated according to the method for "new incremental emission reduction through shutting down small thermal power generation units" provided for by the rules for evaluating total emission reduction:

$$\begin{aligned} R(SO_2) &= M \times S \times 1.6 \\ &= 74{,}375 \times 0.8\% \times 1.6 \\ &= 952 \text{ (tons of } SO_2\text{)} \end{aligned}$$

Where, $R(SO_2)$ is $SO_2$ emission reduction volume by shutting down power generation units (tons);

$M$ is coal consumption for electricity generation, 74,375 tons;

$S$ is average S content in coal used in power generation;

1.6 is coefficient of S in coal transformed into $SO_2$ (based on the Manual for the pollution sources survey on pollutant generation and emission coefficient at industrial pollution sources issued by the Ministry of Environmental Protection, China).

Similarly, because both $SO_2$ and $CO_2$ are produced in the process of coal burning, the $CO_2$ emission reduction volume can be calculated as follows:

$$\begin{aligned} R\,(CO_2) &= M \times C \times (44/12 \times 0.8) \\ &= 74{,}375 \times 63.74\% \times (44/12 \times 0.8) \\ &= 139{,}059 \text{ (tons of } CO_2\text{)} \end{aligned}$$

Where, $R\,(CO_2)$ is $CO_2$ emission reduction volume by shutting down power generation units (tons);

$M$ is coal consumption for electricity generation,74,375 tons;

$C$ is measured carbon content in coal used in power generation, 63.74%;

44/12 is mass ratio between $CO_2$ and C;

0.8 is ratio of carbon in coal transformed into $CO_2$, 80%.

(2) Phasing out three coal fired boilers (60 tons in total) at Hunan Nonferrous Fluoride Co., Ltd.

$SO_2$ emission reduction is calculated as follows:

$$R(SO_2) = (G_{\text{last year}} - G_{\text{present year}}) \times S \times 1.6$$
$$= (41{,}422 - 8{,}000) \times 2.0\% \times 1.6$$
$$= 1{,}069 \text{ (tons of } SO_2)$$

Where, $R$ ($SO_2$) is $SO_2$ emission reduction volume by phasing out coal burning boilers (tons);

$G_{\text{last year}}$ is coal consumption at the abandoned boilers in previous year - 41,422 tons;

$G_{\text{present year}}$ is coal consumption at the abandoned boilers in the current fiscal year, 8,000 tons;

$S$ is average S content in thermal coal, 2.0%.

Similarly, because both $SO_2$ and $CO_2$ are produced in the process of coal burning, the $CO_2$ emission reduction volume can be calculated as follows:

$$R(CO_2) = (G_{\text{last year}} - G_{\text{present year}}) \times C \times (44/12 \times 0.8)$$
$$= (41{,}422 - 8{,}000) \times 82.11\% \times (44/12 \times 0.8)$$
$$= 80{,}499 \text{ (tons of } CO_2)$$

Where, $R$ ($CO_2$) is $CO_2$ emission reduction volume by phasing out coal-fired boilers (tons);

$C$ is measured carbon content in thermal coal consumption by companies, 82.11%.

(3) The $SO_2$ emission reduction volume by shutting down four production lines of wet rotary kilns in Shaofeng cement plant is calculated according to the output emission coefficient of pollutant stipulated in the implementation rules for total emission reduction:

$$R\,(SO_2) = SO_2\text{-EF} \times P \times 10^{-3}$$
$$= 2.63 \times 1{,}516{,}300\,/1{,}000$$
$$= 4{,}000 \text{ (tons of } SO_2)$$

Where, $R$ ($SO_2$) is $SO_2$ emission reduction volume by shutting down wet rotary kilns (tons);

$SO_2$- EF is $SO_2$ emission volume of producing unit product by wet rotary kiln, 2.638 kg of $SO_2$/ton of cement clinker;

$P$ is annual output of cement clinker by the four closed wet rotary kiln cement production lines – 1,516,300 tons of cement clinker/year.

Similarly, the $CO_2$ emission from a cement plant can be considered to result from the burning of coal and other fossil fuels. The pollutant emission reduction calculated in this study is the emission reduction resulting from reducing the coal consumption by shifting from wet rotary kiln production lines to dry process production lines, therefore, the $CO_2$ generated and emitted by material decomposing in the burning process is not considered. The $CO_2$ emission reduction is calculated as follows:

$$R(CO_2) = CO_2\text{-EF} \times P \times 10^{-3}$$
$$= 478.2 \times 1{,}516{,}300/1{,}000$$
$$=725{,}095 \text{ (tons of } CO_2)$$

Where, $R$ ($CO_2$) is $CO_2$ emission reduction volume by shutting down wet rotary kilns (tons);

$CO_2$-EF is $CO_2$ emission volume of producing unit product by wet rotary kiln, 478.2kg of $CO_2$/ton of cement clinker.

The average heat consumption of the wet rotary kiln is 5.9～6.7 GJ/ton of clinker, and the average heat value of the bituminous coal used by enterprises is 20.7 kg/GJ. Then, $CO_2\text{-EF} = (5.9 + 6.7)/2 \times 20.7 \times 44/12 = 478.2$ (kg of $CO_2$/ton of cement clinker)

(4) The nitrogen fertilizers production line in Xiangxiang Guixing Fertilizer Co., Ltd. was closed and transformed to produce compound fertilizers. The $SO_2$ emission reduction volume is evaluated according to the method of calculating "new incremental emission reduction by shutting down water-related enterprises and simultaneously dismantling coal-fired facilities" stipulated in the rules for evaluating total emission reduction. The calculation is shown below by taking the example of emission reduction verified by the supervision group in 2007:

$$R(SO_2)_{TG} = (q_{IB} - q_{NP})/ q_{IB} \times E_{LY}$$
$$= (0.032 - 0.017)/0.032 \times 800$$
$$= 375 \text{ (tons of } SO_2)$$

Where, $R(SO_2)_{TG}$ is new incremental emission reduction of $SO_2$ by shutting down water-related enterprises and simultaneously dismantling coal-fired facilities (tons);

$q_{NP}$ is $SO_2$ emission intensity of non-power (NP) enterprises in area where the closed enterprises were located, 0.017 tons of $SO_2$/ton of coal;

$q_{IB}$ is $SO_2$ emission coefficient of coal-fired facilities simultaneously dismantled with the shutdown of water related enterprises, 0.032 tons of $SO_2$/ ton of coal (the average sulphur content in coal is 2.0%)①;

$E_{LY}$ is $SO_2$ emission volume of the closed enterprises during last year (based on the statistics database), 800 tons.

Similarly, the $CO_2$ emission can be reduced by shutting down coal-fired facilities with the emission reduction volume being calculated as follows:

$$R(CO_2)_{TG} = G_{LY} \times q_{IB}$$
$$= 22{,}950 \times 1.68$$
$$= 38{,}556 \text{ (tons of } CO_2)$$

Where, $R(CO_2)_{TG}$ is the $CO_2$ emission reduction volume by simultaneously shutting down coal-fired facilities of the closed water-related enterprises (tons);

$G_{LY}$ is the coal consumption at the closed coal-fired facilities in previous year, 22,950 tons;

$q_{IB}$ is $CO_2$ emission coefficient of coal-fired facilities simultaneously shut down with the closed water-related enterprises, 1.68 tons of $CO_2$/ton of coal (the average carbon content of 57.22% in coal used by coal-fired facilities in the chemical industry in Xiangtan is employed in calculating the emission coefficient).

The assessment results show that during the 11th FYP period, Xiangtan could reduce

① Indicates water- related enterprises such as small paper mills, small chemical plants, and small dying plants. Please refer to the Rules for Total Emission Reduction Accounting of Major Pollutants (for trial implementation).

11,902 tons of $SO_2$ emission and 1,45million tons of $CO_2$ emission by taking structural measures, having a comparative co-benefits coefficient of 121.9. Looking at different industries, the cement industry has the largest comparative coefficient of co-benefits at 181.3, followed by the power industry at 96.2 and the chemical industry at 85.9. The textile industry has the lowest comparative coefficient of co-benefits of 45.6. With regard to the emission reduction volume, the power industry made the biggest reduction by 5,909 tons, whereas, the cement industry made the largest $CO_2$ emission reduction of 725,095 tons. The papermaking industry had the least emission reduction of both $SO_2$ and $CO_2$, being 50 tons and 2,618 tons respectively.

Table 7-1 Emission reductions through structural measures and co-benefits in industries in Xiangtan City during the 11th FYP

| Industries | $SO_2$ emission reduction (tons) | $CO_2$ emission reduction (tons) | Comparative effect of co-benefit ($CO_2$ / $SO_2$ emission reduction) |
|---|---|---|---|
| Power | 5,909 | 568,157 | 96.2 |
| Textile | 222 | 10,121 | 45.6 |
| Chemicals | 1,631 | 140,055 | 85.9 |
| Cement | 4,000 | 725,095 | 181.3 |
| Paper making | 50 | 2,618 | 52.4 |
| Leather | 90 | 4,716 | 52.4 |
| Total | 11,902 | 1,450,762 | 121.9 |

## 7.3.2 Emission Reduction Through Engineering Projects

Engineering emission reduction measures mainly include those projects such as flue gas desulphurization in power plants, desulphurization of the sintering process in iron and steel plants, power generation by waste heat and pressure, and shifting from coal to gas, etc. Specific methods of assessment are illustrated below:

(1) According to the rules for evaluating total emission reduction, the $SO_2$ emission reduction by implementing flue gas desulphurization in four power generation units of Xiangtan power plant is calculated as follows:

$$R(SO_2) = M \times S \times \eta \times 1.6$$
$$= 234.9 \times 1.04\% \times 90\% \times 1.6 \times 10{,}000$$
$$= 35{,}179 \text{ (tons of } SO_2\text{)}$$

Where, $R(SO_2)$ is $SO_2$ emission reduction volume through flue gas desulphurization of power generation units in power plant;

$M$ is coal consumption in the evaluation period, 234.9 ten thousand tons;

$S$ is average sulphur content in coal, 1.04%;

$\eta$ is desulphurization efficiency of generation units in the evaluation period, 90%;

1.6 is coefficient of sulphur in coal transformed into $SO_2$.

The engineering treatment projects with new incremental $SO_2$ emissions reduction are flue gas treatment projects implemented in existing pollution sources that have a continuous and stable effect for $SO_2$ emissions reduction. Since those projects were designed only for treating the existing flue gas, they have little effect on fuel consumption and $CO_2$ emission. However, the treatment measure itself may have some impact on $CO_2$ generation. For instance, $CaCO_3$ is utilized as an additive in the desulphurization process in the Xiangtan power plant, so that the $CO_2$ emission is increased as shown by the following reaction formula:

$$SO_2 + CaCO_3 + 1/2\ O_2 \longrightarrow CaSO_4 + CO_2$$

The molecular weight ratio between $CO_2$ and $SO_2$ is 44/64. Therefore, each ton of $SO_2$ emissions reduction will generate 0.687,5 (=44/64) tons of $CO_2$.

Then, the co-effects of flue gas desulphurization in power generation units in the Xiangtan power plant on $CO_2$ emission reduction can be calculated as follows:

$$R(CO_2) = R(SO_2) \times 0.687{,}5$$
$$= 35{,}179 \times 0.687{,}5$$
$$= 24{,}186 \text{ (tons of } CO_2\text{)}$$

Where, $R(CO_2)$ is co-effects of flue gas desulphurization in power generation units of power plant on $CO_2$ generation (tons).

(2) The $SO_2$ emission reduction volume by flue gas desulphurization in the 360 $m^2$ sintering machine of Hunan Hualing-Xiangtan Iron & Steel Co., Ltd. is calculated using the same method as in (1).

$$
\begin{aligned}
R(SO_2) &= M \times S \times \eta \times 1.4 \\
&= 267 \times 0.10\% \times 70\% \times 1.4 \times 10^4 \\
&= 2{,}616 \text{ (tons of } SO_2)
\end{aligned}
$$

Where, $R(SO_2)$ is $SO_2$ emission reduction volume by flue gas desulphurization in the sintering machine (tons);

$M$ is consumption of materials put into the sintering machine in the evaluation period, 267 ten thousand tons;

$S$ is average sulphur content of materials put into the sintering machine. 0.10%;

$\eta$ is desulphurization efficiency of the machine in the evaluation period, 70%;

1.4 is coefficient of sulphur in materials put into the sintering machine which are transformed into $SO_2$.

Similarly, the co-effects of desulphurization treatment using $CaCO_3$ as an additive on $CO_2$ emissions reduction can be calculated according to the following formula:

$$
\begin{aligned}
R(CO_2) &= \mathrm{R}(SO_2) \times 0.687{,}5 \\
&= 2{,}616 \times 0.687{,}5 \\
&= 1{,}799 \text{ (tons of } CO_2)
\end{aligned}
$$

Where, $R(CO_2)$ is co-effects of flue gas desulphurization in sintering machine on $CO_2$ generation (tons).

(3) The co-emission reduction of $SO_2$ and $CO_2$ has been achieved through power generation by utilizing residual heat and pressure instead of coal-fired thermal power generation in Hunan Hualing Xiangtan Iron & Steel Co., Ltd. The emission reduction can be calculated according to the following formula:

$$
\begin{aligned}
R(SO_2) &= G \times \mathrm{EF}_{SO_2} \\
&= 71{,}718.3 \times 106.4 \times 10^{-3} \\
&= 7{,}630 \text{ (tons of } SO_2)
\end{aligned}
$$

Where, $R(SO_2)$ is emission reduction through power generation by utilizing residual heat and pressure instead of coal-fired thermal power generation (tons);

$G$ is total annual power generation by utilizing residual heat and pressure,

717,183 MWh;

$EF_{SO_2}$ is $SO_2$ emission coefficient in coal-fired power generation, 106.4 kg/ten MWh (refer to Table 5: Rules for evaluating total emission reduction of major pollutants).

$$R(CO_2) = G \times EF_{CO_2}$$
$$= 71{,}718.3 \times 10^4 \times 0.973{,}5/1{,}000$$
$$= 698{,}178 \text{ (tons of } CO_2)$$

Where, $R(CO_2)$ is $CO_2$ emission reduction volume by residual heat and pressure power generation;

$EF_{CO_2}$ is $CO_2$ emission coefficient in coal-fired thermal power generation, 0.973,5kg/kWh (value generally acknowledged by the national grid)①.

(4) The coal-to-gas transformation project for hotels in 24 coal-burning forbidden areas in Xiangtan City. The $SO_2$ emission reduction volume is evaluated according to the method of calculating "new incremental emission reduction through coal-to-gas reformation projects in non-power sectors" given in the rules for evaluating total emission reduction:

$$R(SO_2) = M \times S \times 1.6$$
$$= 10{,}000 \times 0.63\% \times 1.6$$
$$= 100 \text{ (tons of } SO_2)$$

Where, $R(SO_2)$ is $SO_2$ emission reduction volume through coal-to-gas projects (tons);

$M$ is coal volume substituted by cleaner fuel with the same heat value, 10,000 tons;

$S$ is average sulphur content in coal used by enterprise, 0.63%;

1.6 is coefficient of sulphur in coal transformed into $SO_2$.

Assuming that the leakage of natural gas is negligible, the $CO_2$ emission reduction can

① The emission factor employed in this study is the 2008 baseline emission factor for the grid of the central China region that is calculated by giving an emission weight of 0.5 to both BM and OM. The electricity output of 717,183 MWh was the annual power generated by utilizing residual heat and pressure in the Xiangtan Iron & Steel Co., in 2008. The amount of emission reduction accounted for the emission reduction in one year.

be considered to be the difference of $CO_2$ emission between coal burning and gas burning:

$$R(CO_2) = p_{coal} \times M - p_{gas} \times A$$
$$= 1.68 \times 10{,}000 - 1.83 \times 5.37 \times 10^6/1{,}000$$
$$= 6{,}973 \text{ (tons of } CO_2)$$

Where, $R(CO_2)$ is $CO_2$ emission reduction volume through coal-to-gas projects (tons);

$M$ is coal volume substituted by cleaner fuel with same heat value, 10,000 tons;

$p_{coal}$ is $CO_2$ emission coefficient of coal burning in hotels, 1.68 tons of $CO_2$/ton of coal. The carbon content of coal for calculating the emission coefficient was the measured value of 57.32%;

$A$ is consumption of new cleaner fuel, $5.37 \times 10^6$ $m^3$;

$p_{gas}$ is $CO_2$ emission coefficient of natural gas burning, 1.83 kg of $CO_2/m^3$ of natural gas (The average carbon content of natural gas is 0.5 $kg/m^3$)[①].

The assessment results show that during the $11^{th}$ FYP period, $SO_2$ emission could be reduced by 47,115 tons in Xiangtan City due to engineering emission reduction measures, which simultaneously could reduce $CO_2$ emissions by 701,028 tons with a comparative co-benefits coefficient of 14.9. Among industries, the service industry had the largest comparative co-benefits coefficient of 84.8, followed by the iron and steel industry with the comparative co-benefits coefficient of 68. The power industry had a negative comparative co-benefits coefficient of -0.7. With regard to the emissions reduction, the power industry had the largest $SO_2$ emissions reduction of 35,179 tons but increased $CO_2$ emissions by 24,186 tons, while the iron and steel industry had the largest $CO_2$ emissions reduction of 696,379 tons.

① Calculated according to the following formula: 12 × 94%/22.4 (94% - average $CH_4$ content of natural gas; 22.4 – molar volume).

Table 7-2 Emission reduction through engineering measures and co-benefits in industries in Xiangtan City during the 11th FYP

| Industries | $SO_2$ emission reduction (tons) | $CO_2$ emission reduction (tons) | Comparative effect of co-benefit ($CO_2$ / $SO_2$ emission reduction) |
|---|---|---|---|
| Power | 3 5,179 | −24,186 | −0.7 |
| Service | 165 | 13,991 | 84.8 |
| Iron & Steel | 10,246 | 696,379 | 68.0 |
| Chemicals | 1,525 | 14,844 | 9.7 |
| Total | 47,115 | 701,028 | 14.9 |

### 7.3.3 Assessment of the Co-benefits of Management Emission Reduction Measures

Because there were no management reform measures taken in Xiangtan City, this study only conducted the co-benefit assessment on $CO_2$ emission reduction resulting from structural adjustment and engineering measures.

## 7.4 Conclusions of Co-benefits Assessment on Total Emission Reduction Measures in Xiangtan City and GHG Reduction

To sum up, during the 11th FYP period, through implementing the total emission reduction measures, Xiangtan City could reduce 59,017 tons of $SO_2$ emissions, thus achieving its total emission control targets in the 11th FYP period – a total $SO_2$ emission within 74,900 tons, and net $SO_2$ emissions reduction of 4,800 tons with the reduction rate of 6%, and simultaneously reduce 2.15 million tons of $CO_2$ emissions with a comparative co-benefits coefficient of 37.7.

Among industries, the cement industry had the highest comparative co-benefits coefficient of 181.3, followed by the service industry at 84.8 and the iron and steel industry at 68, respectively. The comparative co-benefits coefficient of the power industry was the lowest at 13.2.

With regard to the emissions reduction in industries, the power industry had the largest

$SO_2$ emission reduction of 34,848 tons, accounting for 69.6% of the total $SO_2$ emission reduction, but had a relatively small $CO_2$ emission reduction, for 25.3% of the total $CO_2$ emission reduction. Meanwhile, the iron & steel industry had the second largest $SO_2$ emission reduction of 10,246 tons accounting for 17.4%, and also achieved the second largest $CO_2$ emission reduction of 696,379 tons or 32.4% of the total $CO_2$ emission reduction. The cement industry was at third place in $SO_2$ emission reduction with an emission reduction of 4,000 tons, accounting for 6.8% of the total $SO_2$ emission reduction, but had the large $CO_2$ emission reduction of 725,095 tons, accounting for 33.7% of the total $CO_2$ emission reduction. The chemical industry was at fourth place in $SO_2$ emission reduction with 3,156 tons, 5.3% of the total, and also at the same place in $CO_2$ emission reduction, with 154,889 tons, accounting for 7.2% of the total $CO_2$ emission reduction.

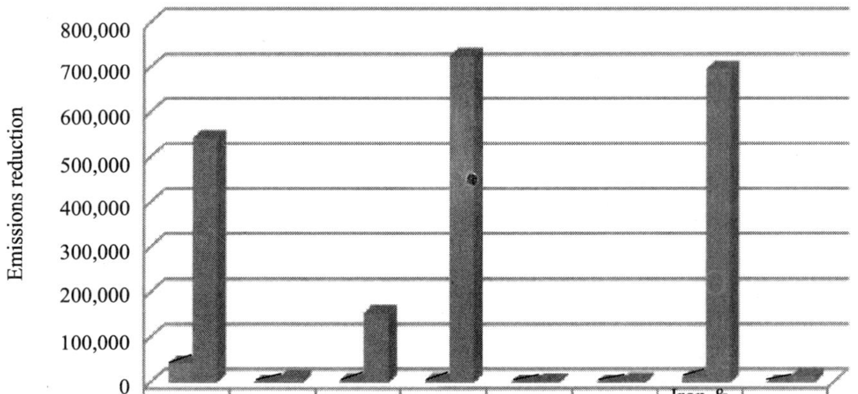


| | Power | Textile | Chemicals | Cement | Paper | Leather | Iron & Steel | Service |
|---|---|---|---|---|---|---|---|---|
| $SO_2$ ER(tons) | 41,088 | 222 | 3,156 | 4,000 | 50 | 90 | 10,246 | 165 |
| $CO_2$ ER(tons) | 543,971 | 10,121 | 154,899 | 725,095 | 2,618 | 4,716 | 696,379 | 13,991 |

Figure 7-1 Emissions reduction through total emission reduction measures in industries during the 11th FYP in Xiangtan City

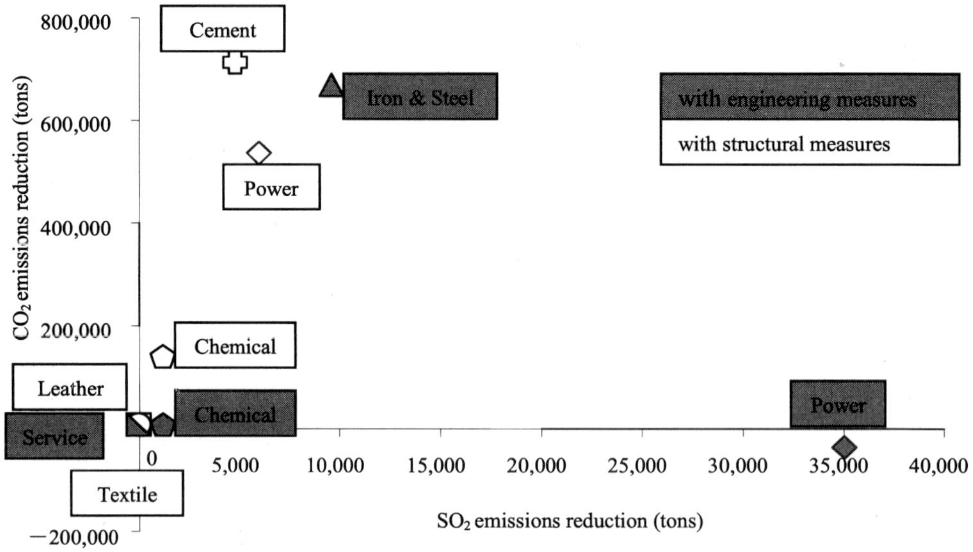


Figure 7-2 Co-benefits of total emission reduction measures in industries during the 11th FYP in Xiangtan City

# 8 Analysis of the Assessment Results for Co-benefits and Main Conclusions

## 8.1 Analysis of the Results

Based on the co-benefits assessments on total emission control measures for GHG reduction in the two model cities, Panzhihua City of Sichuan Province and Xiangtan City of Hunan Province, during the 11th Five-Year Plan period, the overall comparative effects of GHG reduction by taking total emission control measures for $SO_2$ (comparative coefficient of co-benefits) are positive, and the figures from the two cases are quite close, which are 37.7 and 36.4, respectively.

Regarding to different emission reduction measures, as the selected cases do not involve management emission reduction measures, the present study focuses on the comparison of the structural adjustment and engineering reduction measures. The comparative effect on GHG reduction of structure emission reduction is much larger than that of engineering reduction measures. The comparative effect of structural adjustment measures has always been positive, while the comparative effect of engineering emission reduction can be both positive and negative. The comparative co-benefits coefficient of structure emission reduction measures in Panzhihua was 174.6, and for engineering was −0.05; the coefficient for structure emission reduction measures in Xiangtan City was 121.9, and for engineering was 14.9. Regarding to the emission reduction of $SO_2$, the reduction through structural measures is much smaller than that through an engineering approach. The emission reduction of $SO_2$ was 23,963 tons in the two cities through structural measures, and 90,895 tons through engineering measures, which was nearly 4 times larger than the former. But referring to the emission reduction volume of $CO_2$, the reduction through structural measures is much larger than that through an engineering approach, which were 3,556,800 tons and 698,954 tons respectively, so the reduction result from structural measures was about 5 times as that from engineering measures.

Referring to different industries, the comparative coefficient of co-benefits from the cement industry is the largest, whether for Panzhihua City or Xiangtan City, much larger than that from the power industry or the iron & steel industry, which were 572.2 and 181.3 respectively. As each city has a different pillar industry, the targets of total emission control measures are different, the contribution to the $SO_2$ emission reduction from each industry is also different, and thus the corresponding $CO_2$ emission reduction varies. Panzhihua's pillar industry is iron and steel industry, so the $SO_2$ emission reduction is mainly attributed to the iron & steel industry; the pillar industries in Xiangtan City include power, iron & steel etc., and the $SO_2$ emission reduction mainly comes from power industry.

## 8.2 Main Conclusions

Panzhihua City in Sichuan Province and Xiangtan City in Hunan Province are both resource-based industrial cities, but there are large differences in the inner industrial structures between the two cities, for example: iron & steel is the main pillar industry in Panzhihua City, with the contribution to its GDP exceeding 50%, and its contribution to pollutant emission, such as $SO_2$, etc., also exceeds 50%. While in Xiangtan City, although 70% of the GDP, social total output value and fiscal income are from industries, they are from different industries, such as iron & steel, power, equipment, automobiles and several other industries. Considering the above-mentioned background, and based on assessments of the co-benefits of total emission control measures to GHG reduction in Panzhihua and Xiangtan City during the $11^{th}$ FYP, and according to analysis of the results of the two cases, the following conclusions can be drawn:

Conclusion 1: The benefits of GHG reduction by total emission control of $SO_2$ during the $11^{th}$ FYP in China are overall very positive, and should not be neglected.

The emission control measures in Panzhihua City, such as closing down No.1 unit of Panzhihua Power Company in Sichuan Province, etc., were able to reduce 55,800 tons of $SO_2$ emissions, thus helping to achieve the total control target of restricting the total $SO_2$ emission within 81,000 tons and achieve a net reduction of 33,700 tons during the $11^{th}$ FYP period. Meanwhile, 2.104 million tons of $CO_2$ emission was reduced, with the comparative co-benefits coefficient of 37.7. The emission reduction measures in Xiangtan City, such as closing down three 100MW units at Xiangtan Power Plant, etc., were able to reduce 59,000 tons of $SO_2$ emissions in total, enabling the achievement of controlling the total control targets of overall $SO_2$ emissions within 74,900 tons, a net reduction of 4,800 ton, and a reduction of 6%. Meanwhile, 2.152 million tons of $CO_2$ emission was reduced, with a comparative co-benefits coefficient of 36.4. Besides this, there are many small-scale industries, such as cement plants and power plants, etc., with a low production capacity and high pollutions in Xiangtan City, which are undergoing renovations. For example, The Alkali Industry Limited Cooperation in Xiangtan City is adopting measures for utilizing residual heat and pressure for power, etc., which can reduce a huge amount of $SO_2$ emissions. Implementation of these measures can generate even more co-benefits, reducing a large amount of GHG emissions. That is to say, if these are included in the calculation, then the comparative effects of co-benefits will be even larger.

In addition, if using the GDP in 2006 as baseline without considering the incremental quantity of GDP, then the co-benefits resulting from the total emission control measures during the $11^{th}$ FYP decreased 7% of the $CO_2$ emissions per unit GDP in Xiangtan City, and 11% in Panzhihua City. However, actually the increments in GDP during the $11^{th}$ FYP in the two cities have been very large, with an annual growth rate of 16% and 22%, respectively. Therefore, the actual co-benefits generated through total emission control measures in the two cities should be larger than the above calculations and have decreased an even larger percentage of the $CO_2$ emissions per unit GDP than the above values. This will be of great significance for the implementation of synergic emissions reduction for GHG and pollutants and for smoothly achieving the binding targets set in the "Outline for the $12^{th}$ FYP for National Economic and Social Development", which is: "decrease 17% of $CO_2$ emissions per unit GDP; significantly reduce the total emission of main pollutants; reduce 8% of COD and $SO_2$ emission, respectively; and decrease 10% of ammoniacal nitrogen and $NO_x$, respectively."

On the other hand, based on the two comparative co-benefits coefficients of 37.7 and 36.4 in two cities, we can roughly estimate the total emission reduction of $SO_2$ throughout the country. Suppose that energy consumption per unit GDP can decrease 20% by 2010 based on the year 2005, all the environment measures will be in place for newly built projects, and the annual growth rate of GDP is 10%, then 6.7 million ton of $SO_2$ should be reduced by the end of the $11^{th}$ FYP period, in order to reach the objective of a 10% emission reduction of $SO_2$; meanwhile, 240～250 million tons of $CO_2$ emissions can also be reduced. According to the data provided in "China National Plan for Combating Climate Change", the accumulated saved and reduced usage of energy reached 800 million tons standard coal equivalent in the 15 years from 1991 to 2005, which is equal to 1.8 billion tons of $CO_2$ emissions reduction. Therefore, it can be seen that the co-benefits of total emission reduction measures for $SO_2$ during the $11^{th}$ FYP on GHG reduction are enormous, and should not be neglected.

Conclusion 2: The different types of measures adopted and the different technologies applied for the total emission control targets of the $11^{th}$ FYP can result in different co-benefits to GHG reduction, i.e., it can be positive, negative or zero. The positive benefits are mainly attributed to the measures adopted at source, while the negative are mainly resulted from end-of-pipe control measures.

Positive co-benefits mainly result from source control and structure emission reduction, such as industrial structural adjustment and energy structural adjustment, etc. For example: Panzhihua Coal Groups closed down five 35t/h steam boilers, Panzhihua Power Company of Sichuan Huadian closed down No.5 unit (50 MW), and Hualing Xiang Steel Company made use of residual heat and pressure for power generation, etc. Negative co-benefits mainly result from the engineering emission reduction, which is an end-of-pipe treatment measure, mainly demonstrated as limestone-gypsum wet FGD. For example, the FGD and treatment projects at Panzhihua Yiliqiu Group, Panzhihua Guangchuan Metallurgical Limited Co., Tianshili Mining Limited Co. in Yanbian County; the FGD projects in Xiangtan Power Plant and Hualing Xiang Steel Plant; the desulphurization inside boilers for combined heat and power generation (CHP) in

Xiangtan Power and Chemical Science Limited Co., etc. These projects targeted the treatment of existing flue gases, thus they did not reduce the consumption of fuels, therefore, they did not have a large effect in reducing $CO_2$ emissions due to the reduction of fuel consumption. However, the treatment measures themselves have an impact on the generation of $CO_2$, mainly because these projects used limestone-desulphurization and other processes & technologies, which generated relevant $CO_2$ while reducing $SO_2$ with a ratio of 1 to 1, i.e., the reduction of 1 mol of $SO_2$ can generate 1 mol of $CO_2$. Those without prominent co-benefits are also considered as engineering emission reduction projects, because these projects used the process of ionic liquid absorption and $Ca(OH)_2$ absorption, which do not generate relevant $CO_2$ and other GHG gases while reducing $SO_2$ emission. However, if the use of power is taken into account, then it may be negative, but the negative effect is very small. For example: the desulphurization treatment at No.6 sintering machine at Panzhihua Iron & Steel Group, the newly built 360 $m^2$ sintering machine to replace No.1 and No.2 sintering machine, the desulphurization treatment at No.1 unit at Panzhihua Iron & Steel Plant, and other projects.

Conclusion 3： Looking from the perspective of industry, the contributions to the total emission reduction of $SO_2$ and $CO_2$ from each industry in each region are closely related to their industrial structures, but inconsistent with the comparative coefficient, which is directly related to the attributes of the industry and the emission reduction measures.

The largest comparative coefficient in the two pilot cities all came from the cement industry. The ranking sequence for the comparative coefficient of co-benefits of the industries in Xiangtan City from large to small is as follows: cement, iron & steel, chemical industry, and power; the ranking in Panzhihua is: cement, coking, power, and iron & steel. The main reason is that the cement industry in both pilot cities implemented structure emission reduction measures. However, cement industry is not the most important pillar industry in the two pilot cities, nor the industry with the largest emission reduction of $SO_2$ or $CO_2$ in the two cities. The iron and steel industry and the power industry are the pillar industries in Panzhihua and Xiangtan City, respectively. The pillar industry is also the one with largest emission reduction of $SO_2$

in terms of total reduction. For example: the $SO_2$ emission reduction from the power industry accounted for 70% of the total reduction of $SO_2$ in Xiangtan City, and the $SO_2$ emission reduction from the iron and steel industry accounted for 62.4% of the total reduction of $SO_2$ in Panzhihua City. However, neither the power industry nor the iron and steel industry is the one with the largest comparative coefficient, and the power industry in Xiangtan is even the one with the smallest comparative co-benefits effect.

# 9 Policy Recommendations for Co-benefits

Based on the above mentioned chapters, it can be concluded that the implementation of total pollutant control measures in China during the 11$^{th}$ Five-Year Plan (FYP) period has made great contributions to global GHG reduction, and the considerations on co-benefits are of great significance to cost-effectively achieve the binding environment targets for the 12$^{th}$ FYP which ends in 2015. The following policy recommendations are proposed to assist policy-making:

## 9.1 Policy Recommendation for Central Government Regulators

### 9.1.1 Increase the Awareness for the Co-benefits of Total Pollution Control Measures on GHG reduction, and Consider Overall Policies and Technologies for Total Pollution Control and GHG Emissions Reduction

The understanding on co-benefits in China is a continuous development process. As mentioned above, several stages have been mapped out for the comprehension of co-benefits, including the stage of pre-co-benefits, co-benefits assessment, co-benefits impact analysis and analysis of co-benefits control policies. This is the same with the international society. During the pre-co-benefits period, local pollution control and global environment measures were not necessarily considered as interrelated issues. But with progress in technical research and field study, and increased awareness of the risks of environmental changes, the understanding of co-benefits is improved. Global environmental issues particularly climate change, have becoming the key topics in international relationships. China has become the 2$^{nd}$ largest economy in the world, but at the same time, the severe cost of environmental pollution and high emissions of GHG has also been a problem behind the rapid development of the economy. Currently, the environmental issues China faced could be divided into two types: "compression type" and "compound type". The binding targets for the 12th FYP include both control of air pollutants such as $SO_2$, $NO_x$, COD, etc., and reduction of GHG emission per unit GDP.

Under these circumstances, taking the co-benefits approach is important for addressing environmental issues internationally and domestically. It has also become an urgent need for resolving conflicts between economic development and environmental protection. Meanwhile, it is a necessary subject for dialogue between China and the international society. To put it in other words, considering co-benefits not only has led to environmental benefits and economic benefits, but also has important social impacts. This project study is specially targeted at achieving a correct understanding on co-benefits for the global environment and domestic environment. First of all, the negative effects of total emission control measures on GHG reduction should be acknowledged. Meanwhile, the co-benefits of total emission control measures to GHG emissions reduction must be fully considered and used during the implementation of emissions reduction. Therefore, the following points need to be considered: (1) domestic environmental policies and climate change policies, especially in sectoral bases; (2) pollution control technologies and GHG emission reduction technologies.

### 9.1.2 Implement Comprehensive Policy Innovations for Environmental Management, Environmental Economy, Environmental Technology, Environmental Society and International Environmental Cooperation

Binding targets have been set for emissions reduction of conventional pollutants and GHG during the 12th FYP. However, with the existing environmental policy system, the policies for reducing emissions of conventional pollutants and reducing GHG both mutually promote and conflict with each other from the perspective of sustainable development. Therefore, the whole environmental policy system must be improved to address the above-mentioned conflicts, establishing a system for synergistic control of local pollutants and GHG.

In environmental management policies, the following aspects should be considered: (1) use carbon emission as an environment assessment indicator in combination with the current environment impact assessment (EIA) system, to issue detailed rules and guidelines for low carbon environment assessments; (2) develop trading systems for $NO_x$ based on the pilot study of the $SO_2$ emission trading system, and meanwhile, establish total emission trading systems for $SO_2$, $NO_x$ and $CO_2$; (3) set up files for products emitting sulfur and carbon, and establish standards for the emissions of sulfur and carbon from those products; (4) establish an inventory data bank for co-benefits technologies based on the environment- friendly technology inventory, and regularly update the inventory for technical needs; (5) study and establish a data bank for co-benefits coefficients of total emission control to GHG reduction for each industry; (6) incorporate low carbon product labels into China's environment authentication plans, study and develop relevant standards for low carbon products, introduce ISO14060 —international standards for carbon authentication, and expand the scope of existing authentication for environmental products.

In environmental economic policies, the following aspects can be noted: (1) formulate environmental taxation polices, to collect environment tax for high polluting and high energy-consuming products based on standards for sulfur and carbon emission; (2) implement a preferential income tax policy for those enterprises manufacturing products with high efficiency, low carbon emissions and low pollution, and implement green credit and green insurance policies; (3) study and develop investment policies for synergistically reducing emissions of pollutants and GHG; (4) study and develop policies for low-carbon environmental trading, and financial policies; and (5) further improve preferential tax policies for the comprehensive utilization of resources, etc.

In environmental technical policies: (1) develop technical standards for the synergistic control technologies of pollutants and GHG in industries such as power, iron & steel, cement, the chemical industry, etc.; (2) develop incentive policies regarding credit, tax and insurance, etc., to encourage and support the development of synergistic control type technologies, and inhibit non-synergistic control type technologies; (3) improve scientific innovation mechanisms, and organize major scientific research and technical engineering demonstrations for low-carbon and synergistic control of pollution, to establish an innovation mechanism with the integration of technical development, technical manufacturing and technical application, and promote the establishment of a management system for environment-friendly and low-carbon technologies.

In environmental social policies: (1) incorporate the content of co-benefits from total emission control measures into China's National Climate Change Program, and other national environmental policies; (2) incorporate climate change, low-carbon society, and green economy, etc., into educational programs for environmental protection, and increase the dissemination of climate change issues through the MEP website; and (3) raise the awareness of the general public regarding co-benefits. Specifically, for government officials, synergistic control and green economy could be incorporated into environmental training activities, and the training programs for environmental directors at local and county levels. For enterprises, it is necessary to raise the awareness of the leaders' social responsibility, and initiate technical and specialized training on co-benefits for professional staff; for the public, both the existing environmental education network for education on co-benefits and professional textbooks for higher education should be utilized to raise the awareness and scientific qualities.

In international environmental policies: (1) recognize combating climate change and developing a low-carbon economy as one of the priorities; (2) make full use of various mechanisms under UNFCCC, the Kyoto Protocol, such as the clean development mechanism (CDM), and promote low-carbon and environmental management technologies in China, to help reduce domestic emissions; (3) increase the introduction of foreign green investment; and (4) expand the scope and channels for international cooperation on green economy.

### 9.1.3 Enhance Technical Innovation and R&D for the Co-benefits of Reducing Local Pollutant Emission and GHG, and Create a Policy and Cultural Environment for the Wide Application and Prosperous Development of Co-benefits Technologies

The development of synergistic control technologies is the key and core for maximum achieving the co-benefits of pollution control and GHG reduction. Domestic technical innovations should be encouraged to develop technologies for synergistic control in order to realize the maximum co-benefits. It is necessary to make scientific and technical innovations to guide and encourage the research and development of core technologies for co-benefits. First, strengthen R&D for co-benefits technologies such as energy-saving and emissions reduction technologies in high energy consumption and high pollution industries, high-efficiency utilization technologies for coal, etc.; second, make technical innovations, and establish and develop a technical support system for low-carbon technology. In addition, putting the resource production rate in the central position, relying on existing best practical technology, phasing out backward technology, and upgrading of industry, while making technical progress and achieving higher efficiency, also should be proposed. In particular, promoting relevant cleaner technology innovations, including green energy technology, energy and environment-friendly technology, clean production technology, etc., to seek technical breakthroughs, methodology, and assessment indicators, is especially important in this regard. Moreover, creating a policy for prosperous development of co-benefits technology, establishing mechanisms for the new co-benefits technology research and personnel training, promoting the study and practice of low-carbon and environment-friendly city planning are also of great importance. Meanwhile, domestic institutions should play an exemplary role for innovating and applying co-benefits technology.

### 9.1.4 Further Improve the Methods for Quantitative Assessment of Co-benefits, and Enhance the Assessment and Study on Co-benefits of Total Emission Control Measures

This study developed quantitative assessment methods for the co-benefits of pollutant emission reduction on GHG reduction, and performed co-benefits assessments in two model cities, resulted in preliminary findings of the connections between reducing conventional pollutants emissions and reducing GHG. However, from the perspective of methodology itself, first, the assessment method only considered the connections between $SO_2$ and $CO_2$ without involving other conventional pollutants and GHG. With the inclusion of $NO_x$ in the binding targets during the 12$^{th}$ FYP, the importance of the co-benefits of total emission reduction measures including $NO_x$ gradually became more prominent. Second, the assessment methods only considered air pollution control without involving sewage treatment and waste disposal. In fact, sewage treatment and waste disposal can emit large amounts of methane and other GHG. Besides this, the methodology only considered $CO_2$ without considering methane, nitrogen mo$NO_x$ide and other GHG. Since lacking analysis on its cost benefits and other monetized quantities, this materialization assessment method has limitations when assessing the co-benefits. From the perspective of the assessment and study process, although Panzhihua City and Xiangtan City were selected for specific case studies, they were still individual cases, and could not reflect actual nationwide conditions. Therefore, it is necessary to combine total emission reduction measures for $NO_x$ and ammoniacal nitrogen, and further improve assessment methods for co-benefits of conventional pollutant control to GHG reduction, enhancing the assessment and study of the co-benefits of total emission control: (1) improve and innovate co-benefits assessment methods: first, expand the scope of targets considered from air alone to a comprehensive consideration of air, water and solid wastes; next, expand the scope of calculation from one type of GHG which is $CO_2$ to several other types of GHG, such as methane, etc. The co-benefits of $NO_x$ control measures to GHG should be specially considered in the short term; in addition, besides the environmental benefits of total emission reduction to GHG control, the cost benefit should also be taken into account; and (2) initiate a regional and national co-benefits assessment, which will provide valuable information for the development of the $12^{th}$ FYP for the environment and for achieving the targets of 40%～45% reduction of $CO_2$ per unit GDP by 2020 based on the year 2005.

## 9.2 Policy Recommendation for Local Government Regulators

### 9.2.1 Strengthen Emission Reduction by Structural Adjustment During the $12^{th}$ FYP and Give Priority to Emission Reduction by Operational Managment

In terms of total emission control measures, the installation and operation of desulphurization devices and other emission reduction projects by engineering made enormous contributions to the achievement of the binding targets for $SO_2$ during the $11^{th}$ FYP period. However, the marginal utility of engineering emission reduction of $SO_2$ will diminish significantly during the $12^{th}$ FYP period, while the marginal cost for the binding targets of $SO_2$ reduction will increase dramatically. That is to say, the space for benefits of engineering emission reduction is gradually shrinking and the emission reduction potential will significantly decrease. The study of co-benefits assessments in the two cases of Panzhihua and Xiangtan City also proved that the emission reduction of structural measures resulted in the largest co-benefits coefficient, while the overall co-benefits of engineering emission reduction were negative. Therefore, during the $12^{th}$ FYP, the following aspects need to be prioritized: (1) implementation of emission reduction measures by structural adjustment, including not only closing down and suspension of backward production capacities, but also strengthening the use of economic incentives to promote transformation to a resource-saving economy and strengthening the application of foreign trade and investment to establish a green trade system and accelerate structural adjustment to facilitate foreign trade, since most industries with high energy consumption and high emission are export-oriented industries; and (2) managing emission reduction measures. The emission reduction effects from operational management measures were comparatively small during the $11^{th}$ FYP period. No management measures for emission reduction in the two cases of Panzhihua and Xiangtan City were recognized. However in fact, the biggest discrepancy between domestic pollution reduction and that in developed countries is not about equipment, nor technology, but management. For the $12^{th}$ FYP period, the establishment of a management system, and exploring the potential for management emission reduction by improving personnel training, should be targeted. This does not mean that engineering emission reduction is not important, because the above-mentioned considerations were only for reducing emissions of $SO_2$. Since $NO_x$ indicators were introduced in the $12^{th}$ FYP, engineering reduction measures will still play an important role in reducing emissions of $NO_x$.

### 9.2.2 Setting the Cement Industry As One of the Priority Industries for Total Emission Control During the $12^{th}$ FYP

From the perspective of industry, the priority of $SO_2$ reduction was engineering emission reduction in the power industry. Power industry is also a focus in most of the international researches. However, based on the co-benefits assessments of pollutants and GHG in the two pilot cities of Panzhihua and Xiangtan, the power industry is not the one with the largest co-benefits coefficient. The power industry was even the one with the smallest co-benefits coefficient in Xiangtan City. The cement industry is the one with the largest co-benefits coefficient in the two model cities, which is related to the attributes of the industry itself, meanwhile, cement industry is also one of the key industries with large amount of $NO_x$ emissions. Therefore, considering the co-benefits, the cement industry should be one of the priority industries for total emission control during the $12^{th}$ FYP.

## 9.3 Policy Recommendation for Japanese Central Government Regulators

The cooperation between Japan and China on study of the co-benefits has achieved substantial results, aroused wide awareness, and had significant impacts. Other related cooperations in the following aspects should be further promoted in the future together with the partner countries: (1) continue to conduct the study of co-benefits with follow-up project and increase the investigation efforts in assessment methods and co-benefits policies; (2) disseminate the project achievements to other developing countries; (3) enhance the academic exchange and dialogue on co-benefits through international seminars, workshops, conferences, such as Asian Co-benefits Partnership etc.; (4) intensify the technical cooperation on co-benefits and accelerate the dissemination and application of these techniques in China; (5) build a regional or global dialogue platform for co-benefits experts and establish the related network; (6) strengthen capacity building and trainings related to co-benefits. The capacity building activities conducted in Panzhihua and Xiangtan City were greatly important not only for this project but also for other international cooperations in future.

# References


[1] Air Quality Management - a tool to reduce emissions , http://neec.no/uploads/File/Whatsup/whatsupforneec/EM-workshop/BJPDF/26-1545-Steinar%20Larssen.pdf.

[2] ASSEY K R, et al. A source inventory for atmospheric methane in New Zealand and its global perspective [J]. Journal of Geophysical Research, 1992, 97: 3751-3766.

[3] AUNAN K, H E MESTL, H M SEIP, et al. Co-benefits of $CO_2$-reducing policies in China - a matter of scale?[J]. International Journal of Global Environmental Issues, 2003, 3(3): 287-304.

[4] AUNAN K, J FANG, H VENNEMO, et al. Co-benefits of climate policy - lessons learned from a study in Shanxi, China [J]. Energy Policy, 2004, 32(4) : 567-581.

[5] BOGDONOFF P, et al. Land - use change and carbon exchange in the tropics - III. Structure, basic equation and sensitivity analysis of the model [J]. Environmental Management, 1985, 9 :339-346.

[6] BOLLEN J, B VAN DER ZWAAN, BCRINK H EERENS. Local Air Pollution and Global Climate Change: A Combined Cost-Benefit Analysis, PBL Report No. 500116002 [R]. Netherlands : Netherlands Environmental Assessment Agency, 2007.

[7] BOLLEN J, BCRINK H EERENS, T MANDERS. Co-benefits of Climate Policy, PBL Report No. 500116005 [R]. Netherlands : Netherlands Environmental Assessment Agency, 2009.

[8] CHAE Y, LEE J B, PARK J I. Integrated Environmental Strategies [R]. Seoul : Korean Ministry of Environment, 2007.

[9] CICERONE R J, R S OREMLAND. Biogeochemical aspects of atmospheric methane [J]. Global Biogeochemical Cycles, 1988, 2: 299-327.

[10] CRUTZEN P J, M O ANDREAE. Biomass burning in the tropics: Impact on atmospheric chemistry and biogeochemical cycles [J]. Science, 1990, 250:1669-1678.

[11] CRUTZEN P J, et al. Methane production by domestic animals, wild ruminants, other herbivorous fauna, and humans [J]. Tellus, 1986, 38B:271-284.

[12] DUXBURY J M. The significance of agricultural sources of green—house gases [J ]. Fertilizer Research, 1994, 38: 151-163.

[13] HONGLI FENG, LYUBOV A KURKALOVA, CATHERINE L KLING, et al. Economic and Environmental Co-benefits of Carbon Sequestration in Agricultural Soils: Retiring Agricultural Land in the Upper Mississippi River Basin [WP/OL]. Center for Agricultural and Rural Development, Iowa State University, 2005. http://www.econ.iastate.edu/research/webpapers/

paper_12439.pdf.

[14] GRAINGER A. Modeling deforestation in the humid tropics. In : Deforestation or development in the third world Volume III Bulletin No. 349: 51-67 [C]. Helsinki: Finnish Forest Research Institute, 1990.

[15] HAO W M, et al. Sources of atmospheric nitrous oxide from combustion [J]. Journal of Geophysical Research, 1987, 92 :3098-3104.

[16] HOUGHTON R A, D L SKOLE. Changes in the global carbon cycle between 1700 and 1985. In The Earth Trans2 Cicerone R. J . and R. S. Oremland. Biogeochemical aspects of atmospheric methane [J]. Global Biogeochemical Cycles, 1988, 2 :299-327.

[17] IGES. IGES 白皮书 [M]. 2008.

[18] IPCC. Climate Change 1995: The science of climate change (Report of Working Group I) [R]. New York: Cambridge University Press, 1996.

[19] IPCC. WG3 Chapter7, 第三次评估报告[M]. 2001.

[20] IPCC. WG3 Chapter 4,7,11,技术摘要（中文），第四次评估报告[M]. 2007.

[21] JICA. 协同效应型气候变化对策与 JICA 的协力 [R]. 2008.

[22] JOYCE E PENNER. Atmospheric chemistry and air quality, In : Changes in land use and land cover : A global perspective(editors. Williamb. M. and B. L. Turner II) [M]. Cambridge, 1994.

[23] KURZ W A, et al. The carbon budget of the Canadian forest sector. Phase I. Information Report NOR - X - 326 [R]. Vancouver: Forestry Canada Northwest Region Northern Forestry Center, 1992.

[24] LASSEY K R, et al. A source inventory for atmospheric methane in New Zealand and its global perspective [J]. Journal of Geophysical Research, 1992, 97:3751-3766.

[25] LERNER J, et al. Methane emission from animals: A global high - resolution database [J]. Global Biogeochemical Cycles, 1988, 2:139-156.

[26] MATSON P A, et al. Sources of variation in nitrous oxide flux from Amazonian ecosystems [J]. Journal of Geophysical Research, 1990, 95:16789-16798.

[27] MATTHEWS E, I FUNG. Methane emission from natural wetlands: Global distribution , area and environmental characteristics of sources [J]. Global Biogeochemical Cycles, 1987, 1:61-88.

[28] MUZIO L J, J C KRAMLICH. An artifact in the measurement of $N_2O$ from combustion sources [J]. Geophysical Research Letters, 1988, 15:1369-1372.

[29] NATHAN RIVE. Climate policy in Western Europe and avoided costs of air pollution control [J]. Economic Modelling, 2010, 27(1): 103-115.

[30] O'CONNOR D, F ZHAI, K AUNAN, et al. 2003: Agricultural and human health impacts of

climate policy in China: A general-equilibrium analysis with special reference to Guangdong, Technical Paper 206, [R]. Paris: OECD Development Centre, 2003.

[31] ROBERT J NICHOLLS. OECD Workshop on the Benefits of Climate Policy: Improving Information for Policy Makers, Case study on sea-level rise impacts [R]. Paris: OECD,2002, http://www.oecd.org/dataoecd/7/15/2483213.pdf.

[32] OECD: OECD Economics Department Working Papers No.693-Co-Benefits of Climate Change Mitigation Policies [C]. 2009.

[33] PEPPER W J, LEGGETT J, SWART R, et al. Emissions scenarios for the IPCC. An update: Assumptions, methodology, and results. Support document for chapter A3[A] . In : Houghton J T , Calander B A and Varney S K. Climate Change : Supplementary report to the IPCC scientific assessment [C] . Cambridge:Cambridge University Press, 1992.

[34] PETTER TOLLERFSEN, et al. Air pollution policies in Europe: efficiency gains from integrating climate effects with damage costs to health and crops [J]. Environmental Science & Policy, 2009, 12 (7): 870-881.

[35] PRATHER M, D EHHALT, F DENTENER, et al. Atmospheric Chemistry and Greenhous Gases, in J T HOUGHTON, Y DING, D J GRIGGS, et al (eds.), Climate Change 2001: The Scientific basis. Third Assessment Report, WG Chapter 4 [R]. Cambridge and New York: Cambridge University Press, 2001.

[36] RAMANATHAN V, CARMICHAEL G. Global and regional climate changes due to black carbon [J]. Nature Geoscience, 2008,1: 221-227.

[37] RAMANATHAN V, FENG Y. On avoiding dangerous anthropogenic interference with the climate system: Formidable challenges ahead [J]. PNAS, 2008, 105 (38): 14245-14250.

[38] RICHARD MORGENSTERN, ALAN KRUPNICK, XUEHUA ZHANG. The Ancillary Carbon Benefits of $SO_2$ Reductions from a Small-Boiler Policy in Taiyuan, PRC [P/OL]. RFF, 2002, http://www.rff.org/documents/RFF-DP-02-54.pdf.

[39] ROTMANS J, R J SWART. Modeling tropical deforestation and its consequences for global climate [J]. Ecological Modelling, 1991, 58:217-247.

[40] ROTTY R M. Estimates of seasonal variation in fossil fuel $CO_2$ emissions [J]. Tellus, 1987, 39B:184-202.

[41] LEVAN ELBAKIDZE, BRUCE A MCCARL. Sequestration offsets versus direct emission reductions: Consideration of environmental externalities [R/OL]. Texas A&M University.http:// agecon2.tamu.edu/people/faculty/mccarl-bruce/papers/1097.pdf.

[42] Stockholm Environment Institute (SEI). Benefits of Integrating Air Pollution and Climate

Change Policy, 2008.

[43] SWART R, M AMANN, F Raes, et al. A good climate for clean air: Linkages between climate change and air pollution [J]. An Editorial Essay, Climatic Change, 2004, 66(3):263-269.

[44] TRENBERTH K E, et al. Observations: Surface and Atmospheric Climate Change. In: Climate Change 2007: The Physical Science Basis. Contribution of Working Group I to the Fourth Assessment Report of the Intergovernmental Panel on Climate Change,SOLOMON S, D QIN, M MANNING, et al. (eds.) [C]. Cambridge and New York, Cambridge University Press, 2007.

[45] U.S.EPA. Integrated Environment Strategies Handbook. 2004.

[46] UNDP. 2009/10 中国人类发展报告 [R]. 2010.

[47] VAN HARMELEN T, J BAKKER, B DE VRIES, et al. Long-term reductions in costs of controlling regional air pollution in Europe due to climate policy [J]. Environmental Science & Policy, 2002, 5(4):349-365.

[48] SUBHRENDU K PATTANAYAK, ALLAN SOMMER, BRIAN C MURRAY. Water Quality Co-Benefits of Greenhouse Gas Reduction Incentives in U.S. Agriculture- Final Report [R/OL]. 2002. http://foragforum.rti.org/documents/Pattanayak-paper.pdf.

[49] WORRELL E,G BIERMANS. Move over! Stock turnover, retrofit and industrial energy efficiency [J]. Energy Policy, 2005, 33(7):949-962.

[50] YEORA CHAE. Co-benefit analysis of an air quality management plan and greenhouse gas reduction strategies in the Seoul metropolitan area [J]. Environmental Science & Policy, 2010, 13 (3).

[51] 公害健康灾害补偿预防协会. 日本的大气污染经验，1994.

[52] 日本国立国会图书馆. 关于地球温暖化的国际交涉，2008.

[53] 海外环境合作中心. 关于发展中国家的发展需求志向的协同效应型温暖化对策和实现 CDM，2007.

[54] 海外环境合作中心. 实现发展中国家环境对策的协同效应型温暖化对策和促进 CDM，2008.

[55] 泷口博明. 发展中国家的削减温室效应气体与协同效应措施[J]. 季刊环境研究 160 号，2011.

[56] 日本的大气污染经验探讨委员会. 日本的大气污染经验，1997.

[57] 小柳秀明. 环境问题的百货商场——中国，2010.

[58] 小柳秀明. 最近中国的气候变化对应与日本的环境污染对策等支援[J]. 季刊环境研究 160 号，2011.

[59] 竹本和彦，加藤真，二宫康司. 关于展开气候变化问题而带来的派生利益与发展中国家的

主体参与[J]. 季刊环境研究 146 号，2007.

[60] 陈继红，宋维明. 中国 CDM 林业碳汇项目的评价指标体系[J]. 东北林业大学学报，2006（1）.

[61] 方精云. 中国森林植被碳库的动态变化及其意义[J]. 植物学报，2001 ，43 （9）：967-973.

[62] 高广生. 减缓全球气候变化的本质和中国应对策略[J]. 中国能源，2002（7）：4-8.

[63] 郭旭东，陈利顶，傅伯杰. 土地利用/土地覆被变化对区域生态环境的影响[J]. 环境科学进展，1999，7（6）.

[64] 国家气候变化对策协调小组办公室. 中国气候变化初始国家信息通报，2005.

[65] 何宏舟. 改善一次能源消费结构减少温室气体排放[J]. 能源节约和环境保护，2002（11）：9-12.

[66] 何建坤，张阿玲，刘滨. 全球气候变化问题与我国能源战略[J]. 科学对社会的影响，2001（2）：40-44.

[67] 胡涛，等. 协同效应对中国气候变化的政策影响[J]. 环境保护，2004（9）.

[68] NEDO. 地球温暖化对策技术转移手册（2008 年修订版）[M]. NEDO 技术开发机构，2008.

[69] 李丽平，田春秀，尚宏博，等. 西气东输工程成为 CDM 项目的潜力分析[J]. 环境保护，2005（5）.

[70] 李怒云. 中国林业碳汇管理现状与展望[J]. 绿色中国，2005（6）.

[71] 刘国华，傅伯杰，方精云.中国森林碳动态及其对全球碳平衡的贡献[J]. 生态学报，2000，20（5）：733-740.

[72] 潘根兴，李恋卿，张旭辉. 土壤有机碳库与全球变化研究的若干前沿问题——兼开展中国水稻土有机碳固定研究的建议[J]. 南京农业大学学报，2002（3）.

[73] 潘家华. 减缓气候变化的经济学分析 [M]. 北京：气象出版社，2003.

[74] 彭奎. 试论农业养分的非点源污染与管理[J]. 环境保护，2001（1）.

[75] 田春秀，李丽平，等. 西气东输工程的环境协同效应研究[J]. 环境科学研究，2006，19（3）.

[76] 王礼茂. 几种主要碳增汇/减排途径的对比分析[J]. 第四纪研究，2004，24（2）.

[77] 王敏. 垃圾填埋场的温室气体控制[J]. 重庆大学学报，2001，24（5）.

[78] NEDO. 日本洁净煤技术.

[79] 许红梅. 陆地植物固碳作用和固碳潜力 [R].国家气象局气候中心，2007.

[80] 杨学明. 农业土壤固碳对缓解全球变暖的意义[J]. 地理科学，2003（2）.

[81] 赵义海. 全球气候变化与草地生态系统[J]. 草业科学，2000，17（5）.

[82] 国家发改委. 产业结构调整指导目录（2005 年版）.2005.

[83] 湖南省人民政府. 长株潭城市群资源节约型和环境友好型社会建设综合配套改革试验总体方案. 2009.

[84] 建设部，国家环境保护总局，科学技术部. 城市生活垃圾处理及污染防治技术政策. 2000.
[85] 建设部. 城市生活垃圾管理办法. 2007.
[86] 吴星家.发展超临界循环流化床技术符合我国电力工业发展的客观需要[N]. 中国电力报，2010-01-06.
[87] 工业和信息化部. 钢铁企业干式 TRT 发电技术推广实施方案.2010.
[88] 工业和信息化部. 钢铁企业和焦化企业干熄焦技术推广实施方案. 2010.
[89] 工业和信息化部. 钢铁企业炼焦煤调湿技术推广实施方案. 2010.
[90] 财政部，国家发改委. 高效节能产品推广财政补助资金管理暂行办法. 2009.
[91] 财政部，国家税务总局，国家发改委. 公共基础设施项目企业所得税优惠目录. 2008.
[92] 国家发改委. 关于加快关停小火电机组的若干意见. 2007.
[93] 国务院. 关于加快推进产能过剩行业结构调整的通知. 2006.
[94] 国家发改委，等. 关于加快推行合同能源管理促进节能服务产业发展的意见. 2010.
[95] 商务部，国家环保总局. 关于加强出口企业环境监管的通知. 2007.
[96] 四川省人民政府. 关于进一步加强环境保护工作的决定. 2004.
[97] 四川省环境保护厅. 关于开展环境污染责任保险工作的实施意见. 2010.
[98] 国家环保总局，中国人民银行，中国银行业监督管理委员会. 关于落实环保政策法规防范信贷风险的意见. 2007.
[99] 国务院. 规划环境影响评价条例. 2009.
[100] 湖南省人民政府. 湖南省主要污染物排污权有偿使用和交易管理暂行办法. 2010.
[101] 国家环保总局. 环境保护设施运行管理条例. 2007.
[102] 韩伟. 火电设备制造业 30 年 支撑更高效清洁的电力发展[J]. 电力设备，2008（8）.
[103] 国务院. 建设项目环境保护管理条例. 1998.
[104] 国家发改委. 节能发电调度办法（试行）. 2007.
[105] 国家发改委. 可再生能源发展“十一五”规划. 2008.
[106] 国家发改委. 能源发展“十一五”规划. 2007.
[107] 排污许可证管理条例. 2008.
[108]《气候变化国家评估报告》编写委员会.气候变化国家评估报告. 2007.
[109] 全国人大常委会关于积极应对气候变化的决议. 2009.
[110] 国家发改委，国家环保总局. 燃煤发电机组脱硫电价及脱硫设施运行管理办法（试行）2007.
[111] 国家发改委，国家环保总局. “十一五”期间全国主要污染物排放总量控制计划. 2006.
[112] 国家环保总局. 首次申请上市或再融资的上市公司环境保护核查工作指南. 2007.
[113] 工业和信息化部. 新型干法水泥窑纯低温余热发电技术推广实施方案. 2010.

[114] 中国21世纪初可持续发展行动纲要. 2003.
[115] 中国21世纪议程——中国21世纪人口·环境与发展白皮书. 1994.
[116] JETRO北京中心. 中国环境产业调查报告. 2009.
[117] 中国环境状况公报2008，2009.
[118] 国家发改委，科技部. 中国节能技术政策大纲. 2006.
[119] 中国应对气候变化的政策与行动. 2008.
[120] 中国应对气候变化的政策与行动——2009年度报告. 2009.
[121] 中国应对气候变化的政策与行动——2010年度报告. 2010
[122] 中国应对气候变化国家方案. 2007.
[123] 科技部，等. 中国应对气候变化科技专项行动. 2007.
[124] 中华人民共和国大气污染防治法. 2000.
[125] 中华人民共和国国民经济和社会发展第十二个五年规划纲要. 2011.
[126] 中华人民共和国国民经济和社会发展第十一个五年规划纲要. 2006
[127] 中华人民共和国环境保护法. 1989.
[128] 中华人民共和国节约能源法. 2008.
[129] 中华人民共和国可再生能源法. 2006年实施，2010年修订.
[130] 中华人民共和国清洁生产促进法. 2003.
[131] 中华人民共和国循环经济促进法. 2009.
[132] 中央财政主要污染物减排专项资金管理暂行办法. 2007.